中等职业学校教材

计算机应用基础

JISUANJI YINGYONG JICHU

欧小宇　董泽云　向平　主编

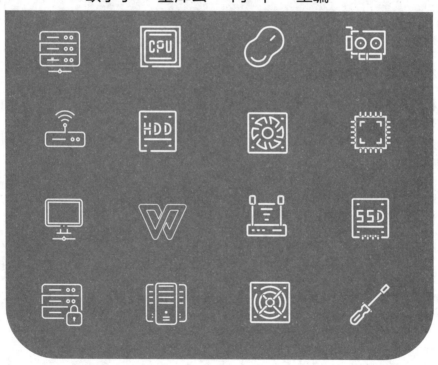

化学工业出版社

·北京·

内 容 简 介

本书根据教育部2009年颁布的《中等职业学校计算机应用基础教学大纲》编写，内容围绕计算机应用基础课程教学目标，强调运用计算机技术获取、加工、表达与交流信息的能力，培养学生的信息素养，增强学生的计算机文化意识，内化学生的信息道德规范。

本教材以 Windows 7 为操作系统平台，以 Office 2010 为办公软件组织内容，可以适应具有一定设备条件的中等职业学校作为文化基础课程教材。教材内容包含计算机基础知识、Windows 7 操作系统、Word 2010 的应用、Excel 2010 的应用、PowerPoint 2010 的应用、网络基础知识、Windows 10 操作系统概述等，本教材包括教学大纲中基础模块的全部知识点，教学大纲中附录部分的内容在本书教学过程中可以"体验与探索"的形式体现，帮助学生自主研究学习，适应不同层次学生的不同需求。

本书适合作为所有中等职业学校学生学习计算机基础知识的教材。

图书在版编目（CIP）数据

计算机应用基础/欧小宇，董泽云，向平主编. —北京：化学工业出版社，2021.11
中等职业学校教材
ISBN 978-7-122-39927-4

Ⅰ.①计… Ⅱ.①欧… ②董… ③向… Ⅲ.①电子计算机-中等专业学校-教材 Ⅳ.①TP3

中国版本图书馆CIP数据核字（2021）第187910号

责任编辑：姜 磊 金 杰 蔡洪伟　　　　　　文字编辑：姜 磊 蔡洪伟 李 瑾
责任校对：宋 玮　　　　　　　　　　　　　装帧设计：王晓宇

出版发行：化学工业出版社（北京市东城区青年湖南街 13 号　邮政编码 100011）
印　　装：大厂聚鑫印刷有限责任公司
787mm×1092mm　1/16　印张 21　字数 352 千字　2022 年 1 月北京第 1 版第 1 次印刷

购书咨询：010-64518888　　　　　　　　　售后服务：010-64518899
网　　址：http://www.cip.com.cn
凡购买本书，如有缺损质量问题，本社销售中心负责调换。

定　　价：49.80元

前言
PREFACE

当今时代，信息化是社会发展的重要标志。以计算机技术、通信技术和传感技术为代表的信息技术渗透到人们生产生活的各个领域，信息技术的发展极大地推动了经济增长乃至整个社会的进步。中等职业学校学生掌握必备的计算机应用基础知识与基础技能，不仅可以提高学生使用计算机解决工作与生活实际问题的能力，还可以为学生职业生涯发展与终身学习奠定基础。

一、本教材编写特点

概述

本教材从强调实用性和操作性出发，采用主题引导、任务驱动的编写方式，依据教材大纲中的教学内容，将每一章的知识点分解并归纳为若干个主题，然后以每个主题为核心，设计出相应的任务实例，再以任务实例为主体，以相关知识介绍为辅助组织教学过程，使学生掌握计算机应用基础的知识与技能。本教材中的任务和案例经过精心挑选和组织，从中体现了计算机在实际生产生活中的典型应用，强调学生动手操作和主动探究，在实践中学习和总结计算机的操作方法和相关概念。

本教材编写体现"做中学，做中教"的教学理念，设定教师讲授和学生学习操作的教学环境以计算机机房为主，体现计算机教学的特点，有利于学生模仿教师对计算机进行操作，同时加大了对学生知识与能力的培养。

二、本教材使用建议

（1）在教学过程中需关注学生的学习情况及认知特点。采用多种组织方式激发学生的学习兴趣，促进学生达成学习目标。教师在组织学生学习过程中，要充分发挥教师的主导作用，使学生在"做"与"学"的过程中既掌握计算机应用的基本技能，又构建计算机基础知识体系。

（2）教学过程中要注重学生学习拓展能力。计算机技能更新升级快、实践性强，在教学时应注意培养学生学习拓展能力，在学习 Office 软件等内容时，要注重学生应用能力的拓展，加强学生自学能力培养。

（3）教学质量评价要注重过程。以过程作为实践考核的形式，评价学生学习质量。评价的目的是要较全面地考查学生计算机基础应用能力，并考查学生通过计算机学习新技能的能力，激励学生的自主学习热情。

本书由重庆市垫江县职业教育中心学校欧小宇、董泽云、向平主编，王冰、周永健、李建容、周小燕等多名教师也参与了本教材的编写工作。重庆电子工程职业学院李腾老师对本教材提出了许多宝贵的意见，在此表示衷心的感谢。

由于编者水平有限，书中难免存在疏漏或不妥之处，恳请读者不吝批评指正。读者意见反馈邮箱：oxycsc@126.com。

编　者
2021 年 10 月

目录
CONTENTS

第三章　Word 2010 的应用

第四章　Excel 2010 的应用

第五章　PowerPoint 2010的应用

第六章 网络基础知识

附录 Windows 10操作系统概述

参考文献

第一章

计算机基础知识

学习目标

- 了解计算机的发展概况
- 掌握计算机硬件系统和软件系统的组成
- 掌握衡量计算机性能的主要技术指标

第一节
计算机的发展概况

最初，"Computer"一词指的是从事数值运算的人，他们往往借助于某种机械运算装置来完成数值运算工作。随着时代的演变和技术的进步，"Computer"一词现在专指计算机，即电子数字计算机。

一、计算机的发展史

计算机的发展史

一般认为，世界上第一台通用电子数字计算机是 1946 年在美国宾夕法尼亚大学问世的 ENIAC（Electronic Numerical Integrator And Calculator，电子数字积分计算机）。这台机器用了 18000 多个电子管，占地面积约 170m²，总重量达 30 t，耗电 140 kW，每秒能做 5000 次加减运算或 400 次乘法运算。用今天的眼光来看，这台计算机耗费巨大又不完善，但它却是科学史上一次划时代的创新，奠定了现代电子数字计算机的基础。

最初，ENIAC 的结构设计不够灵活，每一次重新编程都必须重新连线（Rewiring）。此后，ENIAC 的开发人员认识到这一缺陷，提出了一种更加灵活、合理的设计，这就是著名的存储程序结构（Stored Program Architecture）。在存储程序结构中，给计算机一个指令序列（即程序），计算机会存储它们，并在未来的某个时间里，从计算机存储器中读出，依照程序给定的顺序执行它们。现代计算机区别于其他机器的主要特征，就在于其是否具有这种可编程能力。

由于早在 ENIAC 完成之前，数学家约翰·冯·诺依曼（John von Neumann）就在其论文中提出了存储程序计算机的设计思想，因此，存储程序结构又称为冯·诺依曼体系结构（John von Neumann Architecture）。自从 20 世纪 50 年代第一台通用电子数字计算机出现以来，尽管计算机技术已经发生了翻天覆地的变化，但是，大多数当代计算机仍然采用冯·诺依曼体系结构。

自从 ENIAC 计算机问世以来，从使用器件的角度来说，计算机的发展大致经历了五代（表 1-1）。

表 1-1　计算机的发展史

发展阶段	起止年份	使用器件	执行速度 /（次 / 秒）	典型应用
第一代	1946 ～ 1957	电子管	几千至几万	数据处理机
第二代	1958 ～ 1964	晶体管	几万至几十万	工业控制机
第三代	1965 ～ 1970	小规模 / 中规模集成电路	几十万至几百万	小型计算机
第四代	1971 ～ 1985	大规模 / 超大规模集成电路	几百万至几千万	微型计算机
第五代	1986 年至今	超大规模集成电路	几亿至上百亿	单片计算机

第一代计算机（从 1946 年到 1957 年）使用电子管作为电子器件，使用机器语言与符号语言编制程序。计算机运算速度只有每秒几千至几万次，体积庞大，存储容量小，成本很高，可靠性较低，主要用于科学计算。在此期间，形成了计算机的基本体系结构，确定了程序设计的基本方法，"数据处理机"开始得到应用。

第二代计算机（从 1958 年到 1964 年）使用晶体管作为电子器件，开始使用计算机高级语言。计算机运算速度提高到每秒几万至几十万次，体积缩小，存储容量扩大，成本降低，可靠性提高，不仅用于科学计算，还用于数据处理和事务处理，并逐渐用于工业控制。在此期间，"工业控制机"开始得到应用。

第三代计算机（从 1965 年到 1970 年）使用小规模集成电路与中规模集成电路作为电子器件，而操作系统的出现使计算机的功能越来越强，应用范围越来越广。 计算机运算速度进一步提高到每秒几十万至几百万次，体积进一步减小，成本进一步下降，可靠性进一步提高，为计算机的小型化、微型化提供了良好的条件。在此期间，计算机不仅用于科学计算，还用于文字处理、企业管理和自动控制等领域，出现了管理信息系统（Management Information System，MIS），形成了机种多样化、生产系列化、使用系统化的特点，"小型计算机"开始出现。

第四代计算机（从 1971 年到 1985 年）使用大规模集成电路与超大规模集成电路作为电子器件。计算机运算速度大大提高，达到每秒几百万至几千万次，体积大大缩小，成本大大降低，可靠性大大提高。在此期间，计算机在办公自动化、数据库管理、图像识别、语音识别和专家系统等众多领域大显身手，由几片大规模集成电路组成的"微型计算机"开始出现，并进入普通家庭。

第五代计算机（从 1986 年开始至今）是把信息采集、存储、处理、通信同人工智能结合在一起的智能计算机系统。它能进行数值计算或处理一般的信息，主要面向知识处理。具有形式化推理、联想、学习和解释的能力，能够帮助人们进行判断、决策、开拓未知领域和获得新的知识。

二、计算机的分类

（一）计算机按工作原理分类

（1）数字电子计算机。信息用"0"和"1"二进制形式（不连续的数字量）表示的计算机。数字计算机运算精度高，便于储存大量信息，通用性强。

（2）模拟电子计算机。信息用连续变化的模拟量——电压来表示的计算机。模拟计算机运算速度极快，但精度不高，信息不易存储，通用性不强，主要用于工业控制中的参数模拟。

（3）模拟数字混合计算机。混合计算机是可以进行数字信息和模拟物理量处理的计算机系统。混合计算机同时具有数字计算机和模拟计算机的特点：运算速度快、计算精度高、逻辑和存储能力强、存储容量大和仿真能力强。

（二）计算机按功能分类

（1）专用计算机。专用计算机是为适应某种特殊需要而设计的计算机，通常增强了某些特定功能，忽略一些次要要求，所以专用计算机能高速度、高效率地解决特定问题，具有功能单一、使用面窄甚至专机专用的特点。模拟计算机通常都是专用计算机，在军事控制系统中被广泛地使用，如飞机的自动驾驶仪和坦克上的兵器控制计算机。

（2）通用计算机。通用计算机广泛适用于一般科学运算、学术研究、工程设计和数据处理等，具有功能多、配置全、用途广、通用性强的特点，市场上销售的计算机多属于通用计算机。

（三）计算机按工作模式分类

（1）工作站。工作站是一种高档的微型计算机，通常配有高分辨率的大屏幕显示器及容量很大的内存储器和外部存储器，主要面向专业应用领域，具备强大的数据运算与图形、图像处理能力。工作站主要是为满足工程设计、动画制作、科学研究、软件开发、金融管理、信息服务、模拟仿真等专业领域而设计开发的高性能微型计算机。

（2）**服务器**。服务器是提供计算服务的设备。由于服务器需要响应服务请求，并进行处理，因此一般来说服务器应具备承担服务并且保障服务的能力。服务器的构成包括处理器、硬盘、内存、系统总线等，和通用的计算机架构类似，但是由于需要提供高可靠的服务，因此在处理能力、稳定性、可靠性、安全性、可扩展性、可管理性等方面要求较高。在网络环境下，根据服务器提供的服务类型不同，分为文件服务器、数据库服务器、应用程序服务器、WEB服务器等。

（四）计算机按规模分类

（1）**巨型计算机**。主要特点表现为高速度和大容量，配有多种外部和外围设备及丰富的、多功能的软件系统。主要用来承担重大的科学研究、国防尖端技术和国民经济领域的大型计算课题及数据处理任务。

（2）**大中型计算机**。高速、大容量，用于重要科研和大型企业生产控制管理、天气预报分析。

（3）**小型计算机**。小型机的机器规模小、结构简单、设计周期短，便于及时采用先进工艺技术，软件开发成本低，易于操作维护。它们已经广泛应用于工业自动控制、大型分析仪器、测量设备、企业管理、大学和科研机构等，也可以作为大型与巨型计算机系统的辅助计算机。

（4）**微型计算机**。又称为个人计算机，即 PC 机。大规模集成电路及超大规模集成电路的发展是微型计算机得以产生的前提。目前微型计算机已广泛应用于办公、学习、娱乐等社会生活的方方面面，是发展最快、应用最为普及的计算机。我们日常使用的台式计算机、笔记本计算机、掌上型计算机等都是微型计算机。

 练习题

选择题

1. 从第一台计算机诞生到现在的 70 多年中，按照计算机采用的电子器件来划分，计算机的发展经历了（　　　）个阶段。

A. 4   B. 6   C. 7   D. 3

2. 从第一代电子计算机到第四代计算机的体系结构都是相同的，都是由运算器、控制器、存储器以及输入输出设备组成的，称为（　　　）体系结构。

A. 艾伦·图灵   B. 罗伯特·诺依斯

C. 比尔·盖茨   D. 冯·诺依曼

3. 计算机的发展阶段通常是按计算机所采用的（　　　）来划分的。

A. 内存容量   B. 电子器件   C. 程序设计语言   D. 操作系统

4. 目前制造计算机所采用的电子器件是（　　　）。

A. 晶体管   B. 超导体

C. 中小规模集成电路   D. 超大规模集成电路

5. 在软件方面，第一代计算机主要使用（　　　）。

A. 机器语言   B. 高级程序设计语言

C. 数据库管理系统   D. BASIC 和 FORTRAN

6. 现代计算机之所以能自动地连续进行数据处理，主要是因为（　　　）。

A. 采用了开关电路   B. 采用了半导体器件

C. 具有存储程序的功能   D. 采用了二进制

7. MIPS 衡量的计算机性能指标是（　　　）。

A. 处理能力   B. 运算速度

C. 存储容量   D. 可靠性

8. 世界上第一台电子数字计算机取名为（　　　）。

A. UNIVAC   B. EDSAC   C. ENIAC   D. EDVAC

9. 个人计算机简称 PC 机。这种计算机属于（　　　）。

A. 微型计算机   B. 小型计算机

C. 超级计算机   D. 巨型计算机

10. 电子计算机按规模划分，可以分为（　　　）。

A. 电子计算机和模拟计算机

B. 通用计算机和专用计算机

C. 科学与过程计算机、工业控制计算机和数据计算机

D. 巨型计算机、小型计算机、大中型计算机和微型计算机

第二节
计算机的应用

一、计算机的应用领域

计算机具有高速运算、逻辑判断、大容量存储和快速存取等功能，这决定了它在现代社会的各种领域都会成为越来越重要的工具。计算机的应用相当广泛，涉及科学研究、军事技术、工农业生产、文化教育、娱乐等各个方面。按应用领域可分为五大类，如图1-1所示。

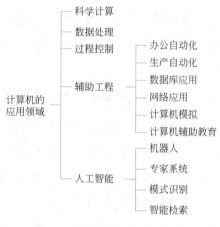

图1-1　计算机的应用领域

（一）科学计算（数值计算）

这是计算机最早的应用领域。从尖端科学到基础科学，从大型工程到一般工程，都离不开数值计算，如宇宙探测、气象预报、桥梁设计、飞机制造等都会遇到大量的数值计算问题。气象预报有了计算机，预报准确率大为提高，可以进行中长期的天气预报；利用计算机进行化工模拟计算，加快了化工工艺流程从实验室到工业生产的转换过程。

（二）数据处理（信息处理）

这是目前计算机应用最为广泛的领域。数据处理包括数据采集、转换、存储、分类、组织、计算、检索等方面。如人口统计、档案管理、银行业务、情报检索、企业管理、办公自动化、交通调度、市场预测等都有大量的数据处理工作。

（三）过程控制（自动控制）

计算机是生产自动化的基本技术工具，它对生产自动化的影响有两个方面：一是在自动控制理论上，二是在自动控制系统的组织上。生产自动化程度越高，对信息传递的速度和准确度的要求也就越高，这一任务靠人工操作已无法完成，只有计算机才能胜任。

（四）辅助工程

（1）计算机辅助设计（Computer Aided Design，CAD）：利用计算机的高速处理、大容量存储和图形处理功能，辅助设计人员进行产品设计。不仅可以进行计算，而且可以在计算的同时绘图，甚至可以进行动画设计，使设计人员从不同的侧面观察了解设计的效果，对设计进行评估，以求取得最佳效果，大大提高了设计效率和质量。

（2）计算机辅助制造（Computer Aided Made，CAM）：在机器制造业中利用计算机控制各种机床和设备，自动完成离散产品的加工、装配、检测和包装等制造过程的技术，称为计算机辅助制造。近年来，各工业发达国家又进一步将计算机集成制造系统（Computer Integrated Manufacturing System，CIMS）作为自动化技术的前沿方向，CIMS 是集工程设计、生产过程控制、生产经营管理于一体的高度计算机化、自动化和智能化的现代化生产大系统。

（3）计算机辅助教学（Computer Aided Instruction，CAI）：通过学生与计算机系统之间的"对话"实现教学的技术称为计算机辅助教学。"对话"是在计算机指导程序和学生之间进行的，它使教学内容生动、形象逼真，能够模拟其他手段难以做到的动作和场景。通过交互方式帮助学生自学、自测，方便灵活，可满足不同层次人员对教学的不同要求。

此外还有其他计算机辅助系统：如利用计算机作为工具辅助产品测试的计算机辅助测试（CAT）；利用计算机对学生的教学、训练和对教学事务进行管理的计算机辅助教育（CAE）；利用计算机对文字、图像等信息进行处理、编辑、排版的计算机辅助出版系统（CAP）；计算机管理教学（CMI）辅助应用。

（五）人工智能

人工智能（Artifical Intelligence，AI）是用计算机模拟人类的智能活动，进行判断、理解、学习、图像识别、问题求解等。它是计算机应用的一个崭新领域，是计算机向智能化方向发展的趋势。现在，人工智能的研究已取得不少成果，有的已开始走向实用阶段。例如，能模拟高水平医学专家进行疾病诊疗的专家系统，具有一定思维能力的智能机器人等等。

二、操作者应具备的能力

用计算机解决实际问题，根据具体情况，操作者或多或少应具有如图 1-2 所示的能力。

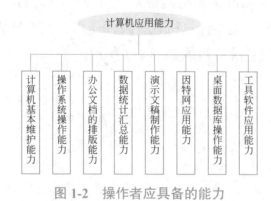

图 1-2　操作者应具备的能力

？ 练习题

选择题

1. 计算机辅助教学的英文缩写是（　　）。

A. CAD　　　　　　B. CAI　　　　　　C. CAM　　　　　　D. CAT

2. 人工智能的英文缩写是（　　）。

A. AI　　　　　　B. VR　　　　　　C. MR　　　　　　D. AN

3. 计算机的应用领域不包括（　　）。

A. 数值计算　　　　B. 人工智能

C. 过程控制　　　　D. 建筑工程

第三节
计算机系统的基本组成

计算机系统的
基本组成

一个完整的计算机系统包括硬件系统和软件系统两大部分。 计算机硬件系统是指构成计算机的所有实体部件的集合，通常这些部件由电路（电子元件）、机械等物理部件组成。 直观地看，计算机硬件是一大堆设备，它们都是看得见摸得着的，是计算机进行工作的物质基础，也是计算机软件发挥作用、施展技能的舞台。

计算机系统的组成如图 1-3 所示。

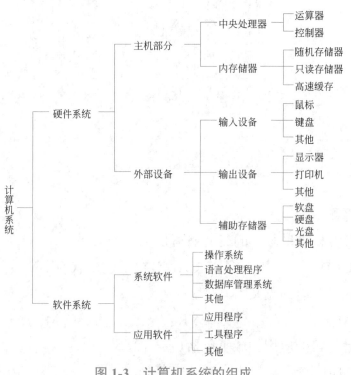

图 1-3　计算机系统的组成

一、计算机的硬件系统

（一）计算机基本结构

现代计算机是一个自动化的信息处理装置。它之所以能实现自动化信息处理，是由于采用了"存储程序"工作原理。这一原理是 1946 年由冯·诺依曼和他的同事们在一篇题为《关于电子计算机逻辑设计的初步讨论》的论文中提出并论证的。这一原理确立了现代计算机的基本组成和工作方式。

计算机硬件由五个基本部分组成：运算器、控制器、存储器、输入设备和输出设备。计算机内部采用二进制来表示程序和数据。

采用"存储程序"的方式，将程序和数据放入同一个存储器中（内存储器），计算机能够自动高速地从存储器中读取出指令加以执行。

可以说计算机硬件的五大部件中每一个部件都有相对独立的功能，分别完成各自不同的工作。如图 1-4 所示，五大部件实际上是在控制器的控制下协调统一地工作。首先，把表示计算步骤的程序和计算中需要的原始数据，在控制器输入命令的控制下，通过输入设备送入计算机的存储器存储。其次，当计算开始时，在取指令作用下把程序指令逐条送入控制器。控制器对指令进行译码，并根据指令的操作要求向存储器和运算器发出存取操作命令和运算命令，经过运算器计算并把结果存放在存储器内。最后，在控制器的取数和输出命令作用下，通过输出设备输出计算结果。

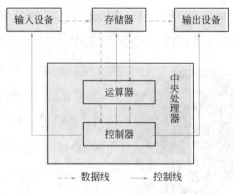

图 1-4　硬件系统工作原理图

（二）微型计算机的硬件系统

从外观上看，微型计算机的基本硬件包括主机、显示器、键盘和鼠标。其中，主机包括微处理器、主板、内存储器、硬盘、电源等。

（1）微处理器

微处理器是用一片或少数几片大规模集成电路组成的中央处理器。这些电路执行控制部件和算术逻辑部件的功能。微处理器与传统的中央处理器相比，具有体积小、重量轻和容易模块化等优点。微处理器的基本组成部分有：寄存器堆、运算器、时序控制电路以及数据和地址总线。微处理器能完成取指令、执行指令，以及与外界存储器和逻辑部件交换信息等操作，是微型计算机的运算控制部分。

目前，主流的微处理器是 Intel 公司的 Core 系列处理器（图 1-5）和 AMD 公司的 APU 系列处理器。

图 1-5　Core（酷睿）i7 微处理器

（2）主板

主板（图 1-6）又叫主机板（Mainboard）、系统板（Systemboard）或母板（Motherboard）。它安装在机箱内，是微机最基本的也是最重要的部件之一。主

板一般为矩形电路板，上面安装了组成计算机的主要电路系统，一般有 BIOS 芯片、I/O 控制芯片、键盘和面板控制开关接口、指示灯插接件、扩充插槽、主板及插卡的直流电源供电接插件等元件。

（3）内存储器

内存储器是计算机中重要的部件之一，它是与 CPU 进行沟通的桥梁。计算机中所有程序的运行都是在内存储器中

图 1-6　主板

进行的，因此内存储器的性能对计算机的影响非常大。内存储器也被称为内存（图 1-7），其作用是暂时存放 CPU 中的运算数据，以及与硬盘等外部存储器交换的数据，内存储器最突出的特点是存取速度快，但是容量小、价格贵，断电后数据不能保存。只要计算机在运行中，CPU 就会把需要运算的数据调到内存中进行运算，当运算完成后 CPU 再将结果传送出来。内存是由内存芯片、电路板、金手指等部分组成的。

图 1-7　内存

内存一般采用半导体存储单元，包括随机存储器（RAM）、只读存储器（ROM），以及高速缓存（Cache）。

（4）外存储器

外存储器是指除计算机内存及 CPU 缓存以外的存储器，此类存储器一般断电后仍然能保存数据。外存储器的特点是容量大、价格低，但是存取速度慢。微型计算机常见的外存储器有软盘存储器（图 1-8）、硬盘存储器（图 1-9）、光盘存储器（图 1-10）以及移动存储器（图 1-11、图 1-12）等。

图 1-8　软盘

图 1-9　硬盘

图 1-10　光盘

图 1-11　移动硬盘

图 1-12　闪存盘

（5）输入设备

输入设备是向计算机输入数据和信息的设备，是计算机与用户或其他设备通信的桥梁。常见的输入设备有：键盘，鼠标、手写板等。

二、计算机的软件系统

计算机的软件系统由系统软件和应用软件组成。计算机软件是指在硬件设备上运行的各种程序以及相关资料。所谓程序实际上是用户用于指挥计算机执行各种动作以便完成指定任务的指令的集合。用户要让计算机做的工作可能是很复杂的，因而指挥计算机工作的程序也可能是庞大而复杂的，有时还可能要对程序进行修改与完善。因此，为了便于阅读和修改，必须对程序作必要的说明或整理出有关的资料。这些说明或资料（称之为文档）在计算机执行过程中可能是不需要的，但对于用户阅读、修改、维护、交流这些程序却是必不可少的。因此，也有人简单地用一个公式来说明其包括的基本内容：软件 = 程序 + 文档。

 练习题

选择题

1. 一个完整的计算机系统通常应包括（　　　）。

A. 系统软件和应用软件　　　　　B. 计算机及其外部设备

C. 硬件系统和软件系统　　　　　D. 系统硬件和系统软件

2. 一个计算机系统的硬件一般是由（　　　）构成的。

A. CPU、键盘、鼠标和显示器

B. 运算器、控制器、存储器、输入设备和输出设备

C. 主机、显示器、打印机和电源

D. 主机、显示器和键盘

3. CPU 是计算机硬件系统的核心，它是由（　　　）组成的。

A. 运算器和存储器　　　　　　　B. 控制器和存储器

C. 运算器和控制器　　　　　　　D. 加法器和乘法器

4. CPU 中运算器的主要功能是（　　　）。

A. 负责读取并分析指令　　　　　B. 算术运算和逻辑运算

C. 指挥和控制计算机的运行　　　D. 存放运算结果

5. 计算机的存储系统通常包括（　　　）。

A. 内存储器和外存储器　　　　　B. 软盘和硬盘

C. ROM 和 RAM　　　　　　　　D. 内存和硬盘

6. 计算机的内存储器简称内存，它是由（　　　）构成的。

A. 随机存储器和软盘　　　　　　B. 随机存储器和只读存储器

C. 只读存储器和控制器　　　　　D. 软盘和硬盘

7. 计算机的内存容量通常是指（　　　）。

A. RAM 的容量　　　　　　　　B. RAM 与 ROM 的容量总和

C. 软盘与硬盘的容量总和　　　　D. RAM、ROM、软盘和硬盘的容量总和

8. 在下列存储品中，存取速度最快的是（　　　）。

A. 软盘　　　　B. 光盘　　　　C. 硬盘　　　　D. 内存

9. 计算机的软件系统一般分为（　　　）两大部分。

A. 系统软件和应用软件　　　　　B. 操作系统和计算机语言

C. 程序和数据　　　　　　　　　D. DOS 和 Windows

10. 在计算机内部，计算机能够直接执行的程序语言是（　　　）。

A. 汇编语言　　　　　　　　　　B. C++ 语言

C. 机器语言　　　　　　　　　　D. 高级语言

11. 用汇编语言编写的程序需经过（　　　）翻译成机器语言后，才能在计算机中执行。

A. 编译程序　　　　　　　　　　B. 解释程序

C. 操作系统　　　　　　　　　　D. 汇编程序

12. 通常我们所说的 32 位机，指的是这种计算机的 CPU（　　　）。

A. 是由 32 个运算器组成的

B. 能够同时处理 32 位二进制数据

C. 包含有 32 个寄存器

D. 一共有 32 个运算器和控制器

13. 下列叙述中，正确的说法是（　　　）。

A. 键盘、鼠标、光笔、数字化仪和扫描仪都是输入设备

B. 打印机、显示器、数字化仪都是输出设备

C. 显示器、扫描仪、打印机都不是输入设备

D. 键盘、鼠标和绘图仪都不是输出设备

14. 指令的解释是由电子计算机的（　　　）部分来执行的。

A. 控制　　　　　B. 存储　　　　C. 输入输出　　　　　D. 算术和逻辑

第四节
计算机中信息的表示方法

一、认识常用数制

日常生活中，人们使用的数据一般用十进制表示，而计算机中所有的数据都使用二进制。为了书写方便，有时也采用八进制或十六进制形式表示。

如果数制只采用 R 个基本符号（例如 0，1，2，…，R-1）表示数值，则称为 R 数制（Radixr Number System），R 称为该数制的基数（Radix），而数制中 R 个固定的基本符号称为"数码"。处于不同位置的数码代表的值不同，与它所在位置的"权"值有关。计算机中常用的几种进位计数制见表 1-2。

表 1-2　计算机中常用的几种进位计数制的表示

进位制	基数	基本符号	权	符号表示
二进制	2	0,1	2i	B
八进制	8	0,1,2,3,4,5,6,7	8i	O
十进制	10	0,1,2,3,4,5,6,7,8,9	10i	D
十六进制	16	0,1,2,3,4,5,6,7,8,9,A,B,C,D,E,F	16i	H

表 1-2 中十六进制的数字符号除了十进制中的 10 个数字符号以外，还使用了 6 个英文字母 "A，B，C，D，E，F"，它们分别等于十进制的 10，11，12，13，14 和 15。在数制中有一个规则，就是 R 进制一定采用 "逢 R 进一" 的进位规则，如十进制就是 "逢十进一"，二进制就是 "逢二进一"。

二、数制转换运算

1. R进制转换为十进制

在各种进制中，处在某一位上的 "1" 所表示的数值的大小，称为该位的权。在人们熟悉的十进制系统中，十进制数 435 还可以表示成如下的多项式形式：

（435）D=$4 \times 10^2 + 3 \times 10^1 + 5 \times 10^0$

上式中的 10^2，10^1，10^0 是各位数码的权，从中可以看出，个位、十位、百位的数字只有乘上它们的权值，才能真正表示它的实际数值。

基数为 R 的数字，将 R 进制数按权展开求和，这就实现了 R 进制与十进制的转换，如：

（10110）B=（$1 \times 2^4 + 0 \times 2^3 + 1 \times 2^2 + 1 \times 2^1 + 0 \times 2^0$）D=（16+4+2）D=（22）D

（234）O=（$2 \times 8^2 + 3 \times 8^1 + 4 \times 8^0$）D=（128+24+4）D=（156）D

（234）H=（$2 \times 16^2 + 3 \times 16^1 + 4 \times 16^0$）D=（512+48+4）D=（564）D

2. 十进制转换为 R 进制

将十进制数转换为 R 进制数时，可将此数分成整数与小数两部分分别转换，然后再拼接起来即可。

整数部分采用 "除 R 取余" 法将一个十进制整数转换成 R 进制数，即将十进制整数连续地除以 R 取余数，直到商为 0，余数从右到左排列，首次取得的余数排在最右边。

小数部分转换成 R 进制数时采用 "乘 R 取整" 法，即将十进制小数不断乘以 R 取整数，直到小数部分为 0 或达到要求的精度为止（小数部分可能永远不会得到 0），所得的整数从小数点自左往右排列，取有效精度，首次取得的整数排在最左边。例如，将十进制数 37.25 转换成二进制数。

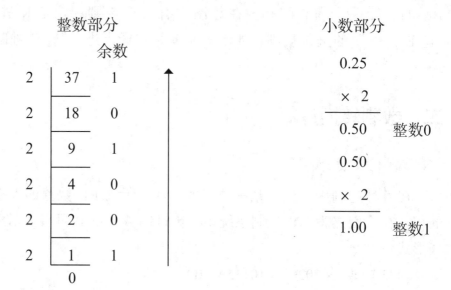

转换结果为：（37.25）D=（100101.01）B

3. 八进制、十六进制、二进制的互换

由于二进制、八进制和十六进制之间存在特殊关系：8¹=2³，16¹=2⁴，即1位八进制数相当于3位二进制数，1位十六进制数相当于4位二进制数，所以转换方法就比较容易，根据这种对应关系，二进制数转换成八进制数时，以小数点为中心向左右两边分组，每3位为一组，两头不足3位补0即可。同样二进制数转换成十六进制数只要以4位为一组进行分组。例如，将二进制数（10101011.110101）B转换成八进制数。

（<u>010</u> <u>101</u> <u>011</u>.<u>110</u> <u>101</u>）B=（253.65）O（整数高位补0）
　2　　5　　3　　6　　5

又如，将二进制数（10101011.110101）B转换为十六进制数。

（<u>1010</u> <u>1011</u>.<u>1101</u> <u>0100</u>）B=（AB.D4）H
　　A　　B　　D　　4

同样，将八（十六）进制数转换成二进制数，只要将1位化为3位（4位）即可。例如：

$$（27.64）O =（10\ 111\ .\ 110\ 1）B$$

2	7	.	6	4
↓	↓		↓	↓
010	111		110	100

$$（5C.E）H =（101\ 1100\ .\ 111）B$$

5	C	.	E
↓	↓		↓
0101	1100		1110

三、计算机中的信息单位

计算机信息都是用二进制数表示。

1. 信息的最小单位（Bit）

信息的最小单位是位（Bit），在数字电路和计算机技术中采用二进制，代码只有 0 和 1，无论 0 还是 1 在 CPU 中都是 1 位。

2. 信息的基本单位

信息的基本单位是字节（符号 Byte, 简写为 B）。一个字节由八位二进制数字组成（1Byte=8Bit）。

一个字节可表示一个数字、一个字母或一个特殊符号，一个汉字的机内编码需要 2 个字节。信息的扩展单位有：千字节（KB）、兆字节（MB）、千兆（吉）字节（GB）、太字节（TB）。

1KB = 1024B

1MB = 1024KB

1GB = 1024MB

1TB = 1024GB

四、字符编码方法

字符包括西文字符（字母、数字和各种符号）和中文字符。由于计算机是以二进制的形式存储和处理信息的，所以字符也必须按特定的规则进行二进制编码才能进入计算机。字符编码的方法很简单。 首先，确定需要编码的字符总数，然后将每一个字符按顺序编号，编号值的大小无意义，仅作为识别与使用这些字符的依据。字符形式的多少涉及编码的位数。对于西文与中文字符，由于形式的不同，使用不同的编码。

西文字符在计算机中最常用的字符编码是 ASCII 码（American Standard Code for Information Interchange, 美国信息交换标准代码）。ASCII 码有 7 位码和 8 位码两种版本。国际通用的是 7 位 ASCII 码，用 7 位二进制数表示一个字符的编码，共有 27 ～ 128 个不同的编码值，相应可以表示 128 个不同字符的编码，见表 1-3。

表 1-3　7 位 ASCII 代码表

高位 低位	000	001	010	011	100	101	110	111
0000	NUL	DLE	SP	0	@	P	、	p
0001	SOH	DC1	!	1	A	Q	a	q
0010	STX	DC2	"	2	B	R	b	r
0011	ETX	DC3	#	3	C	S	c	s
0100	EOT	DC4	$	4	D	T	d	t
0101	ENQ	NAK	%	5	E	U	e	u
0110	ACK	SYN	&	6	F	V	f	v
0111	BEL	ETB	'	7	G	W	g	w
1000	BS	CAN	(	8	H	X	h	x
1001	HT	EM	)	9	I	Y	i	y
1010	LF	SUB	★	:	J	Z	j	z
1011	VT	ESC	+	;	K	[	k	{
1100	FF	FS	,	<	L	\	l	|
1101	CR	GS	-	=	M	]	m	}
1110	SO	RS	.	>	N	↑	n	~
1111	SI	US	/	?	O	↓	o	DEL

字母之间的编码转换。有些特殊的字符编码是容易记忆的，如：

"a" 字符的编码为 1100001，对应的十进制数是 97，则 "b" 的编码值是 98；

"A"字符的编码为 1000001，对应的十进制数是 65，则"B"的编码值是 66；

"0"数字字符的编码为 0110000，对应的十进制数 48，则"1"的编码值是 49。

计算机的内部用一个字节（8 位二进制数）存放一个 7 位 ASCII 码，最高位置为 0。

 练习题

填空题

1. 在各进位制中，每个数位上的 _____ 表示的数值大小，称为这个数位上的权。

2. 在十进制数 4753 中，由左向右第一位的权是 _____ ，第二位的权是 _____ 。

3. 二进制数由 _____ 和 _____ 2 个计数符号表示。

4. 一个十六进制位相当于 _____ 个二进制位。

5. 将十进制整数转换成二进制整数的方法是 _____ 。

6. 将十进制小数转换成二进制小数的方法是 _____ 。

7. 将十六进制数转换成二进制数的方法是 _____ 。

8. 将二进制数转换成八进制数的方法是 _____ 。

9. 信息存储的最小单位是 _____ 。基本单位是 _____ 。

10. 1KB= _____ B；1MB = _____ KB= _____ B；1GB= _____ MB。

11. 完成下列进制转换（列出转换过程）。

（1）（1011.11）B=（　　　　　）D

（2）（21.625）D=（　　　　　）B

（3）（1110111.1101）B=（　　　　　）H

（4）（7D.C）H=（　　　　　）B

自我评价表

评价模块 / 知识点	知识与技能			作业实操			体验与探索		
	熟练掌握	一般认识	简单了解	独立完成	合作完成	不能完成	收获很大	比较困难	不感兴趣
计算机的发展概况	☐	☐	☐	☐	☐	☐	☐	☐	☐
计算机的应用	☐	☐	☐	☐	☐	☐	☐	☐	☐
计算机系统的基本组成	☐	☐	☐	☐	☐	☐	☐	☐	☐
计算机中信息的表示方式	☐	☐	☐	☐	☐	☐	☐	☐	☐
疑难问题									
学习收获									

第二章

Windows 7 操作系统

学习目标

- 了解 Windows 系统的发展
- 掌握 Windows 7 系统功能的基本操作
- 掌握中文输入法的使用

第一节
操作系统概述

一、什么是操作系统

操作系统是直接控制和管理计算机系统资源（硬件资源、软件资源和数据资源），并为用户充分使用这些资源提供交互操作界面的程序集合，是直接运行在"裸机"上的最基本的系统软件，任何其他软件都必须在操作系统的支持下才能运行。

操作系统是系统软件的核心，也是计算机系统的"总调度"，计算机各部件之间相互配合、协调一致地工作，都是在操作系统的统一指挥下才得以实现的。

计算机硬件、操作系统、应用软件以及用户程序或数据之间的层次关系如图2-1所示，核心是计算机硬件，最外层是用户程序或数据，操作系统是桥梁。用户与计算机之间的交流，没有操作系统是无法完成的，用户、软件与计算机硬件之间的关系如图2-2所示。

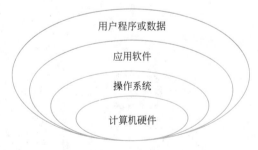

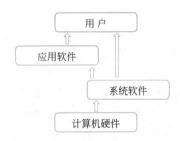

图 2-1　计算机硬件、操作系统、应用软件　　图 2-2　用户、软件与计算机硬件的关系
以及用户程序或数据之间的关系

二、操作系统的作用与功能

（一）处理器管理

处理器（CPU）管理又称进程管理，主要是对 CPU 的控制与管理。CPU 是计算机系统的核心部件，是最宝贵的资源，它的利用率高低将直接影响到计算机的效率。当有一个（或多个）用户提交作业请求时，操作系统将协调各作业之间的运行，使 CPU 资源得到充分利用。

（二）设备管理

计算机系统中有各种各样的外部设备，设备管理是计算机外部设备与用户之间的接口。其功能是对设备资源进行统一管理，自动处理内存和设备间的数据传递，从而减轻用户为这些设备设计输入 / 输出程序的负担。

（三）存储管理

存储管理是对内存的分配与管理，只有当程序和数据调入内存中，CPU 才能直接访问和执行。计算机内存中有成千上万个存储单元，何处存放哪个程序，何处存放哪个数据，都需要由操作系统来统一管理，以达到合理利用内存空间的目的，并且保证程序的运行和数据的访问相对独立和安全。

（四）作业管理

在操作系统中，用户请求计算机完成一项完整的工作任务称为一个作业。作业管理解决的是允许谁来使用计算机和怎样使用计算机的问题。其功能表现为作业控制和作业调度，当有多个用户同时要求使用计算机时，允许哪些作业进入，不允许哪些进入，以及如何执行等。

（五）文件管理

文件是存储在一定介质上、具有某种逻辑结构的信息集合，它可以是程序或者用户数据。当使用文件时，需要从外存储器中调入内存，计算机才能执行。操作系统的文件管理功能就是对这些文件的组织、存取、删除、保护等，以便用户能方便、安全地访问文件。

三、操作系统的分类

操作系统是计算机所有软件的核心，是计算机与用户的接口，负责管理所有计算机资源，协调和控制计算机的运行。操作系统种类繁多，很难用单一标准统一分类。下面从不同的角度对操作系统进行分类。

（1）根据操作系统的使用环境和对作业的处理方式来划分，可分为批处理操作系统（如 DOS）、分时操作系统（如 Linux）、实时操作系统（如 RTOS）。

（2）根据所支持的用户数目来划分，可分为单用户操作系统（如 MSDOS、Windows）、多用户操作系统（如 UNIX、Linux）。

（3）根据应用领域来划分，可分为桌面操作系统、服务器操作系统、嵌入式操作系统。

（4）根据源码开放程度来划分，可分为开源操作系统（如 Linux、FreeBSD）和闭源操作系统（如 MacOSX、Windows）。

（5）按同时管理作业的数目来划分，可以分为单任务操作系统和多任务操作系统。

（6）根据用户界面的形式来划分，可分为字符界面操作系统（如 UNIX、DOS）和图形界面操作系统（如 Windows、MacOSX）。

 练习题

一、选择题

1. Windows 7 操作系统中，通过以下哪个键盘可以快速切换到任务栏上不同的程序窗口（　　　）。

A. Win 键 +D 键　　　　　　　B. Win 键 +F 键

C. Win 键 +L 键　　　　　　　D. Win 键配合数字键

2. 如果需要从一台运行 Windows XP（X86）的计算机，执行 1 个全新的 Windows 7（X64）安装，应该（　　　）。

A. 从 Windows 7 安装程序中，运行 Rollback.exe

B. 从 Windows 7 安装程序中，运行 Migsetup.exe

C. 使用 Windows 7 安装光盘启动计算机，从 Windows 安装会话框中，选择"升级安装"选项

D. 使用 Windows 7 安装光盘启动计算机，从 Windows 安装会话框中，选择"全新安装"选项

3. 以下关于 Windows 7 安装最小需求的描述，不正确的是（　　　）。

A. 1G 或更快的 32 位（X86）或 64 位（X64）处理器

B. 16G（32 位）或 20G（64 位）可用磁盘空间

C. 4G（32 位）或 2G（64 位）存

D. 带 WDDM 1.0 或更高版本的 DirectX 9 图形处理器

4. 关于操作系统的主要功能，以下描述正确的是（　　　）。

A. 运算器管理、存储管理、设备管理、处理器管理、文件管理

B. 文件管理、设备管理、系统管理、存储管理、作业管理

C. 文件管理、处理器管理、设备管理、存储管理、作业管理

D. 管理器管理、设备管理、程序管理、存储管理、文件管理

5. Windows 7 操作系统属于（　　　）操作系统。

A. 多用户多任务　　　　　　　B. 单用户单任务

C. 多用户单任务　　　　　　　D. 单用户多任务

6. 某单位自行开发的工资管理系统，按类型划分，应该属于（　　　）操作软件。

A. 科学计算　　　B. 辅助设计　　　C. 数据处理　　　　　D. 实时控制

7. 在安装 Windows 7 的最低配置中，对内存的基本要求是（　　　）。

A. 1GB 及以上　　　　　　　　B. 1GB 以下

C. 2GB 及以上　　　　　　　　D. 2GB 以下

8. Windows 7 操作系统，由（　　　）公司开发。

A. Lenovo　　　B. SUM　　　C. IBM　　　D. Microsoft

9. 在 Windows 7 操作系统中，如果需要卸载一个 Windows 更新，应使用（　　　）选项。

A. 管理工具　　　　　　　　　B. 程序和功能

C. 同步中心　　　　　　　　　D. 备份和还原

10. Windows 7 操作系统目前有（　　　）个版本。

A. 3　　　　　B. 4　　　　　C. 5　　　　　D. 6

11. 在 Windows 7 的各个版本中，支持的功能最少的是（　　　）。

A. 家庭普通版　B. 家庭高级版　　　C. 专业版　　D. 旗舰版

12. 操作系统是一种（　　　）。

A. 数据库软件　　　　B. 应用软件　C. 系统软件　　　　D. 文字处理软件

13. 用户与计算机之间的接口是（　　　）。

A. Word 文字处理软件　　　　B. 操作系统

C. 数据库系统　　　　D. Excel 表格处理软件

14. 下面有关计算机操作系统的叙述中，不正确的是（　　　）。

A. 操作系统属于系统软件

B. 操作系统只负责管理内存储器，而不管理外存储器

C. UNIX 是一种操作系统

D. 计算机的处理器、内存等硬件资源也由操作系统管理

二、实训操作

Windows 7 的启动和退出。

第二节
Windows 7 基本操作

　　计算机安装了 Windows 7 操作系统以后，只要接通电源，按下机箱的"Power"按钮，稍等片刻便可以进入 Windows 7 中文版工作环境。如果是第一次登录 Windows 7 系统，看到的是一个非常简洁的桌面，只有一个回收站图标，如图 2-3 所示。

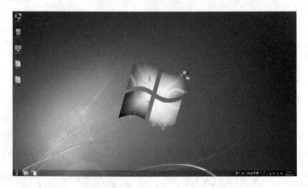

图 2-3　Windows 7 桌面

　　这样的桌面看起来很整洁干净，但使用起来并不方便，因此我们希望把经常使用的图标放到桌面上。这时可以在桌面的空白处单击鼠标右键，从弹出的快捷菜单中选择"个性化"命令，在打开的窗口左侧单击"更改桌面图标"选项，则弹出"桌面图标设置"对话框，选择自己经常使用的图标，如图 2-4 所示，单击"确定"按钮，这样，经常使用的图标就出现在桌面上了，这些图标称为桌面元素。

图 2-4　"桌面图标设置"对话框

Windows 7
桌面认识

一、认识桌面图标

　　当安装了应用程序以后，Windows 桌面上的图标就会多起来，总体上分为系统图标与快捷方式图标。不同的计算机桌面上的图标可能是不同的，但是系统图标都是相同的，下面以列表的形式对各个图标进行介绍，如表 2-1 所示。

表 2-1 系统图标的作用

图标	作用
Administr...	Administrator 类似于以前的"我的文档"，但是功能更丰富，它是一个用户的帐户，通过它可以查看或管理个人文档，如文档、图片、音乐、视频、下载的文件等
计算机	任何一台计算机上都有"计算机"图标，双击它可以打开资源管理器，从而查看并管理相关的计算机资源，如打印机、驱动器、网络连接、共计算机文档以及控制面板等
网络	如果计算机已经接入了局域网，双击该图标，在打开的窗口中可以看到网络中的可用资源，包括所能访问的服务器
回收站	回收站用于暂时存放被删除的文件。在真正删除文件之前，可以用于恢复被删除的文件。回收站最大的作用在于：如果用户由于误操作不慎删除了某些文件，可以将它及时地恢复回来
Internet Explorer	安装了 IE 浏览器以后就会出现该图标。双击 Internet Explorer 图标可以启动 IE 浏览器，通过它访问 Internet 资源，并且可以设置浏览器的相关参数

（一）"开始"菜单与任务栏

桌面最下方的矩形条称为"任务栏"，它是桌面的重要组成部分，用于显示正在运行的应用程序或打开的窗口。任务栏的左侧是一个大圆按钮，称为"开始"按钮，单击它将弹出"开始"菜单。

（1）"开始"菜单

"开始"菜单是我们执行任务的一个标准入口，一条重要通道，通过它可以打开文档、启动应用程序、关闭系统、搜索文件等。单击"开始"按钮或者按下键盘中的"视窗"键，可以打开"开始"菜单，如图 2-5 所示。

"开始"菜单分为四个基本部分。

① 左边的大窗格显示计算机上程序的一个短列表，这个短列表中的内容会随着时间的推移有所变化，其中使用比较频繁的程序将出现在这个列表中。

② 左边窗格下方的"所有程序"比较特殊，单击它会改变左边窗格的内容，显示计算机中安装的所有程序，同时"所有程序"变成"返回"，如图 2-6 所示。

③ 左边窗格的最底部是搜索框，通过输入搜索项可以在计算机中查找安装的程序或所需要的文件。

④ 右边窗格提供了对常用文件夹、文件、设置和功能的访问，还可以注销 Windows 或关闭计算机。

图 2-5　"开始"菜单

图 2-6　单击"所有程序"后的菜单

"开始"菜单的含义在于它通常用于启动或打开某项内容，是打开计算机程序、文件或设置的门户，具体功能描述如下。

启动程序：通过"开始"菜单中的"所有程序"命令，可以启动安装在计算机中的所有应用程序。

打开窗口：通过"开始"菜单可以打开常用的工作窗口，如"计算机""文档"和"图片"等。

搜索功能：通过"开始"菜单中的搜索框，可以对计算机中的文件、文件夹或应用程序进行搜索。

管理计算机：通过"开始"菜单中的控制面板、管理工具、实用程序可以对计算机进行设置与维护，如个性化设置、备份、整理碎片等。

关机功能：计算机关机必须通过"开始"菜单进行操作，另外，还可以重启、待机、注销用户等。

帮助信息：通过"开始"菜单可以获取相关的帮助信息。

（2）任务栏

顾名思义，任务栏就是用于执行或显示任务的"专栏"，它是一个矩形条，左侧是"快速启动栏"，中间是任务栏的主体部分，右侧是"系统区域"，如图2-7所示。

图 2-7　任务栏

① 最左侧是快速启动栏，其中提供了若干应用程序图标，单击某程序图标，可以快速启动相应的程序。如果要将一个经常使用的应用程序图标添加到快速启动栏中，可以在桌面上拖动快捷方式图标到快速启动栏上，当出现一条"竖直的线"时释放鼠标即可。

② 任务栏的中间是主体部分，显示了正在执行的任务。当不打开窗口或程序时，它是一个蓝色条。如果打开了窗口或程序，任务栏的主体部分将出现一个个按钮，分别代表已打开的不同窗口或程序，单击这些按钮，可以在打开的窗口之间切换。

③ 任务栏的最右侧是"系统区域"，这里显示了系统时间、声音控制图标、网络连接状态图标等，另外一些应用程序最小化以后，其图标也会出现在这个位置上。

（二）桌面图标的管理

（1）排列桌面图标

当桌面上的图标太多时，往往会产生凌乱的感觉，这时需要对它进行重新排列，在 Windows 7 中排列图标的命令被放置在"排序方式"和"查看"两个命令中。首先介绍"排序方式"命令。

步骤一：在桌面上的空白位置处单击鼠标右键。

步骤二：在弹出的快捷菜单中指向"排序方式"命令，弹出下一级子菜单，如图 2-8 所示。

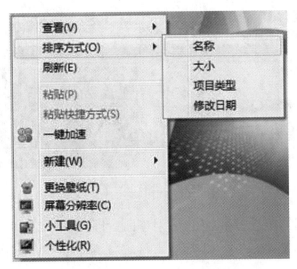

图 2-8　"排序方式"子菜单

在子菜单中选择相应的命令，可以按照所选的方式重新排列图标。一共有四种排序方式。

"名称"：选择该命令，将按桌面图标名称的字母顺序排列图标。

"大小"：选择该命令，将按文件的大小顺序排列图标。如果图标是某个程序的快捷方式图标，则文件大小指的是快捷方式文件的大小。

"项目类型"：选择该命令，将按桌面图标的类型顺序排列图标。例如，桌面上有几个 Photoshop 图标，它们将排列在一起。

"修改日期"：选择该命令，将按快捷方式图标最后的修改时间排列图标。

（2）查看桌面图标

桌面图标的大小是可以改变的，并且可以控制显示与隐藏。在"查看"命令的子菜单中提供了三组命令，最上方的三个命令用于更改桌面图标的大小，中间的两个命令用于控制图标的排列。

步骤一：在桌面的空白位置处单击鼠标右键。

步骤二：在弹出的快捷菜单中指向"查看"命令，弹出下一级子菜单，如图 2-9 所示。

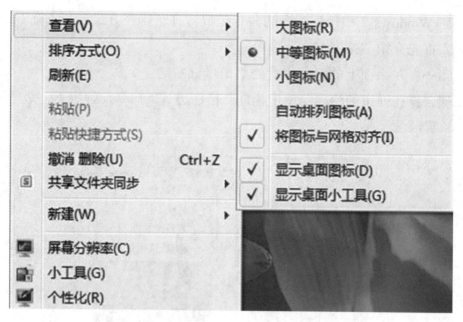

图 2-9 "查看"子菜单

步骤三：根据需要选择相应的子菜单命令即可。

"大图标""中等图标""小图标"：选择这几个命令，可以更改桌面图标的大小。

"自动排列图标"：选择该命令，图标将自动从左向右以列的形式排列。

"将图标与网格对齐"：屏幕上有不可视的网格，选择该命令，可以将图标固定在指定的网格位置上，使图标相互对齐。

"显示桌面图标"：选择该命令，桌面上将显示图标；否则看不到桌面图标。

（3）调整任务栏的大小

默认情况下，任务栏是被锁定的，即不可以随意调整任务栏。但是取消任务栏的锁定之后，用户便可以对任务栏进行适当的调整，例如，可以改变任务栏的高度，具体操作步骤如下。

步骤一：在任务栏的空白位置处单击鼠标右键，在弹出的快捷菜单中选择"锁定任务栏"命令，取消锁定状态，如图 2-10 所示。

步骤二：将光标指向任务栏的上方，当光标变为上下箭头形状时向上拖动鼠标，可以拉高任务栏，如图 2-11 所示。

步骤三：如果任务栏过高，可以再次将光标指向任务栏的上方，当光标变为上下箭头形状时向下拖动鼠标，将任务栏压低，如图 2-12 所示。

图 2-10 取消锁定状态

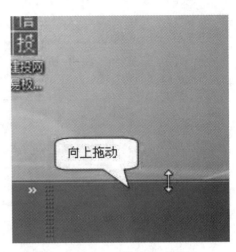

图 2-11 拉高任务栏

图 2-12 压低任务栏

二、窗口的操作

（一）窗口的组成

不同程序的窗口有不同的布局和功能，下面以最常见的"计算机"窗口为例，介绍其各组成部分。"计算机"窗口主要由地址栏、搜索框、菜单栏、列表区、工作区、信息栏、滚动条及窗口边框等部分组成。

在桌面上双击"计算机"图标，可以打开"计算机"窗口，这是一个典型的 Windows 7 窗口，构成窗口的各部分如图 2-13 所示。

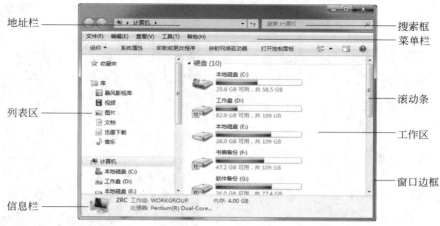

图 2-13 "计算机"窗口

地址栏：用于显示当前所处的路径，采用了叫做"面包屑"的导航功能，如果要复制当前地址，只要在地址栏空白处单击鼠标，即可让地址栏以传统的方式显示。地址栏左侧为"前进"按钮和"后退"按钮，右侧为"刷新"按钮。

搜索框：用于搜索计算机和网络中的信息，并不是所有的窗口都有搜索框。搜索框的上方为控制按钮，分别是最小化按钮、最大化/还原按钮、关闭按钮。

菜单栏：位于地址栏的下方，通常由"文件""编辑""查看""工具"和"帮助"等菜单项组成。每一个菜单项均包含了一系列的菜单命令，单击菜单命令可以执行相应的操作或任务。

列表区：左侧的列表区将整个计算机资源划分为四大类，即收藏夹、库、计算机和网络，可以更好地组织、管理及应用资源，使操作更高效。比如在收藏夹下"最近访问的位置"中可以查看到最近打开过的文件和系统功能，方便再次使用。

工作区：这是窗口最主要的部分，用来显示窗口的内容，用户就是通过这里操作计算机的，如查找、移动、复制文件等。

信息栏：位于窗口的底部，用来显示该窗口的状态。例如，选择了部分文件时，信息栏中将显示选择的文件个数、修改日期等。

滚动条：分为垂直滚动条和水平滚动条，当窗口太小以至于不能完全显示所有内容时才会出现滚动条。拖动滚动条上的滑块可以浏览工作区内不能显示的其他区域。

窗口边框：即窗口的边界，它是用于改变窗口大小的主要工具。

（二）最小化、最大化/还原与关闭窗口

在每个窗口的右上角都有三个窗口控制按钮，如图 2-14 所示，单击"最

小化"按钮，窗口将切换为一个按钮停放在任务栏上；单击"最大化"按钮，可以使窗口充满整个 Windows 桌面，处于最大化状态，这时"最大化"按钮变成了"还原"按钮；单击"还原"按钮，窗口又恢复到原来的大小。

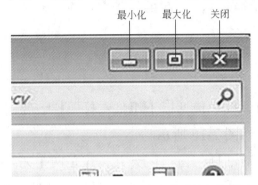

图 2-14 "最小化""最大化""关闭"按钮

（三）移动窗口

移动窗口就是改变窗口在屏幕上的位置。移动窗口的方法非常简单，将光标移到地址栏上方的空白处，按住鼠标左键并拖动鼠标到目标位置处，释放鼠标左键，即完成窗口的移动。

另外，还可以使用键盘移动窗口，方法是按住 Alt 键的同时敲击空格键，这时将打开控制菜单，再按下 M 键（即 Move 的第一个字母），然后按下键盘上的方向键移动窗口，当到达目标位置后，按下回车键即可。

注意：当窗口处于最大化或最小化状态时，既不能移动它的位置，也不能改变它的大小，这是要特别注意的问题。

（四）调整窗口大小

当窗口处于非最大化状态时，可以改变窗口的大小。将光标移到窗口边框上或者右下角，当光标变成双向箭头时按住鼠标左键拖动鼠标，就可以改变窗口的大小，如图 2-15 所示。

图 2-15 改变窗口大小时的三种状态

三、认识对话框

在 Windows 操作系统中，对话框是一个非常重要的概念，它是用户更改参数设置与提交信息的特殊窗口，在进行程序操作、系统设置、文件编辑时都会用到对话框。

（一）对话框与窗口的区别

一般情况下，对话框中包括以下组件：标题栏、要求用户输入信息或设置的选项、命令按钮，如图 2-16 所示。

初学者一定要将对话框与窗口区分开，这是两个完全不同的概念，它们虽然有很多相同之处，但是区别也是明显的。

（1）作用不同。 窗口用于操作文件，而对话框用于设置参数。

（2）概念的外延不同。 从某种意义上来说，窗口包含对话框，也就是说，在窗口环境下通过执行某些命令，可以打开对话框；反之则不可以。

（3）外观不同。 窗口没有"确定"或"取消"按钮，而对话框都有这两个按钮。

（4）操作不同。 窗口可以最小化、最大化、还原操作，也可以调整大小，而对话框一般是固定大小，不能改变的。

图 2-16　对话框的组成

（二）对话框的组成

构成对话框的组件比较多，但是，并不是每一个对话框中必须都包含这些组件，一个对话框可能只用到几个组件。常见的组件有选项卡、单选按钮、复选框、文本框、下拉列表、列表、数值框与滑块等，下面逐一介绍各个组件。

（1）选项卡

选项卡也叫标签，当一个对话框中的内容比较多时，往往会以选项卡的形式进行分类，在不同的选项卡中提供相应的选项。一般地，选项卡都位于标题栏的下方，单击就可以进行切换，如图 2-17 所示。

图 2-17 选项卡

（2）单选按钮

单选按钮是一组相互排斥的选项，在一组单选按钮中，任何时刻只能选择其中的一个，被选中的单选按钮内有一个圆点，未被选中的单选按钮内无圆点，它的特点是"多选一"，如图 2-18 所示。

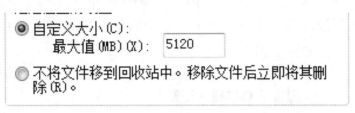

图 2-18 单选按钮

（3）复选框

复选框之间没有约束关系，在一组复选框中，可以同时选中一个或多个。它是一个小方框，被选中的复选框中有一个对号，未被选中的复选框中没有对号，它的特点是"多选多"，如图 2-19 所示。

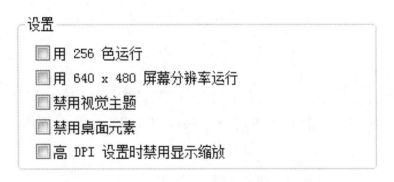

图 2-19 复选框

（三）下拉列表

下拉列表是一个矩形框，显示当前的选定项，但是其右侧有一个小三角形按钮，单击它可以打开一个下拉列表，其中有很多可供选择的选项。如果选项太多，不能一次显示出来，将出现滚动条，如图 2-20 所示。

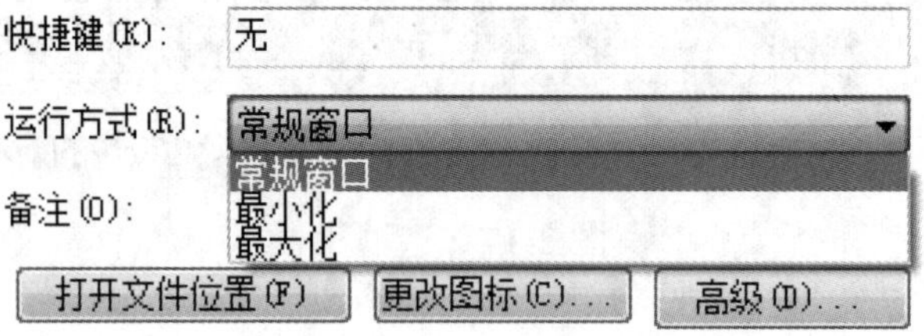

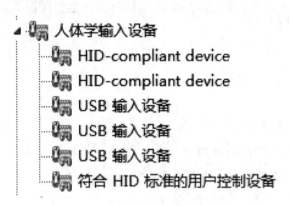

图 2-20　下拉列表

（四）列表

　　与下拉列表不同，列表直接列出所有选项供用户选择，如果选项较多，列表的右侧会出现滚动条。通常情况下，一个列表中只能选择一个选项，选中的选项以深色显示，如图 2-21 所示。

图 2-21　列表

（五）数值框

　　数值框实际上是由一个文本框加上一个增减按钮构成的，可以直接输入数值，也可以通过单击增减按钮的上下箭头改变数值，如图 2-22 所示。

图 2-22　数值框

（六）滑块

　　滑块在对话框中出现的概率不多，它由一个标尺与一个滑块共同组成，拖动它可以改变数值或等级，如图 2-23 所示。

图 2-23　滑块

四、关于菜单

Windows 操作系统中的"菜单"是指一组操作命令的集合，它是用来实现人机交互的主要形式，通过菜单命令，用户可以向计算机下达各种命令。在前面介绍过"开始"菜单，实际上 Windows 7 中有四种类型的菜单，分别是"开始"菜单、标准菜单、快捷菜单与控制菜单。

（一）"开始"菜单

前面已经对"开始"菜单进行了详细介绍，它是 Windows 操作系统特有的菜单，主要用于启动应用程序、获取帮助和支持、关闭计算机等操作。

（二）标准菜单

标准菜单是指菜单栏上的下拉菜单，它往往位于窗口标题栏的下方，集合了当前程序的特定命令。程序不同，其对应的菜单也不同。单击菜单栏的菜单名称，可以打开一个下拉式菜单，其中包括了许多菜单命令，用于相关操作。如图 2-24 所示是"计算机"窗口的标准菜单。

（三）快捷菜单

在 Windows 操作环境下，任何情况下单击鼠标右键，都会弹出一个菜单，这个菜单称为"快捷菜单"。实际上，在学习前面的内容

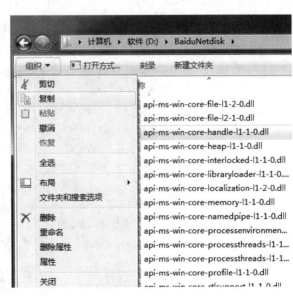

图 2-24　标准菜单

时已经接触到了"快捷菜单"。

快捷菜单是智能化的，它包含了一些用来操作该对象的快捷命令。在不同的对象上单击鼠标右键，弹出的快捷菜单中的命令是不同的，如图 2-25 所示是在桌面上单击鼠标右键时出现的快捷菜单。

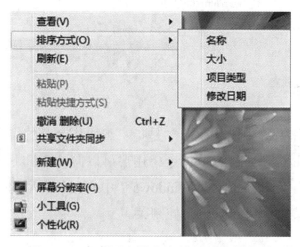

图 2-25　在桌面上单击右键时的快捷菜单

（四）控制菜单

在任何一个窗口地址栏的上方单击鼠标右键，都可以弹出一个菜单，这个菜单称为"控制菜单"，其中包括移动、大小、最大化、最小化、还原和关闭等命令，如图 2-26 所示。在使用键盘操作 Windows 7 时，控制菜单非常有用。

另外，在窗口的地址栏上单击鼠标右键，也可以弹出一个菜单。该菜单中的命令是对地址的相关操作，如图 2-27 所示。

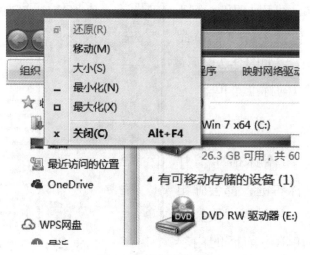

图 2-26　控制菜单

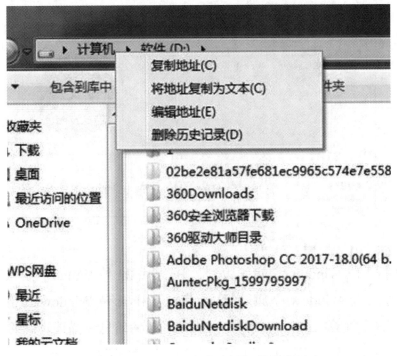

图 2-27　在窗口的地址栏上单击右键

？ 练习题

一、选择题

1. Windows 7 操作系统中，通过（　　　）可以快速切换到任务栏上不同的程序窗口。

A. Win 键 +D 键　　　　　　　　B. Win 键 +F 键

C. Win 键 +L 键　　　　　　　　D. Win 键配合数字键

2. 在 Windows 7 操作系统的开始菜单里不再有锁定按钮，可通过（　　　）实现。

A. Win+L 键　　　　　　　　　　B. Win+K 键

C. Win+M 键　　　　　　　　　　D. Win+H 键

3. 通过 Windows 7 操作系统开始菜单中的关机按钮和扩展菜单，无法实现（　　）功能。

A. 关机　　　B. 重新启动　　　C. 休眠　　　D. 更改当前用户密码

4. 图 2-28 中计算机的基本信息中关于操作系统的信息，描述正确的是（　　）。

图 2-28

A. 采用 64 位 Windows 7 旗舰版　　B. 采用 32 位 Windows 7 家庭高级版

C. 采用 32 位 Windows 7 旗舰版　　D. 采用 64 位 Windows 7 专业版

5. 图 2-29 中计算机的基本信息中关于处理器的信息，描述正确的是（　　）。

图 2-29

A. 采用四核处理器，处理器时钟频率 2.10GHz

B. 采用双核处理器，处理器时钟频率 2.10GHz

C. 采用双核处理器，处理器时钟频率 1.05GHz

D. 采用单核处理器，处理器时钟频率 2.10GHz

6. 图 2-30 中，关于选择框的描述，正确的是（　　）。

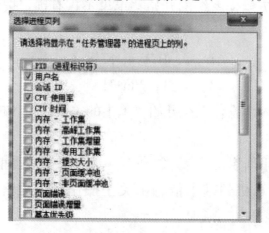

图 2-30

A. 为单选框，同时只能选中其中一个

B. 为复选框，但同时只能选中其中一个

C. 为复选框，同时可选中其中一个或任意多个

D. 为混合选框，可同时选中多个，但不能只选中一个

7. 在 Windows 7 操作系统中，将打开窗口拖动到屏幕顶端，窗口会（　　　）。

A. 关闭　　　　　B. 消失　　　　C. 最大化　　　D. 最小化

8. 在 Windows 7 操作系统中，通过（　　　）操作，可以查看计算机在上一周安装了哪些应用程序。

A. 从性能监视器，运行系统性能数据收集器

B. 从系统信息，查看软件环境

C. 从性能监视器，查看系统诊断报告

D. 从可靠性监视器，查看信息事件

9. 在 Windows 7 操作系统中，显示 3D 桌面效果的快捷键是（　　　）。

A. "Win" + "D"　　　　　　　B. "Win" + "P"

C. "Win" + "Tab"　　　　　　D. "Alt" + "Tab"

10. 在 Windows 7 中，单击"开始"按钮，可以打开（　　　）。

A. "开始"菜单　　　　　　B. 一个快捷菜单

C. 一个下拉菜单　　　　　D. 一个对话框

11. 在 Windows 7 中，右击"开始"按钮，弹出的快捷菜单有（　　　）。

A. "关闭"命令　　　　　　B. "新建"命令

C. 打开 Windows 资源管理器　　D. "替换"命令

12. 在 Windows 7 中的"任务栏"上显示的是（　　　）。

A. 系统正在运行的所有程序　　B. 系统禁止运行的程序

C. 系统后台运行的程序　　　　D. 系统前台运行的程序

13. 删除 Windows 7 桌面上某个应用程序的图标，意味着（　　　）。

A. 该应用程序连同其图标一起被删除

B. 只删除了该应用程序，对应图标被隐藏

C. 只删除了图标，对应的应用程序被保存

D. 该应用程序连同图标一起被隐藏

14. Windows 7 任务栏不能设置为（　　　）。

A. 显示时钟　　B. 使用小图标　　　C. 自动隐藏　　D. 总在底部

15. 在下列有关 Windows 菜单命令的说法中，不正确的是（　　　）。

A．命令前带有符号"√"表示该命令有效

B．带省略号"…"的命令执行后会打开一个对话框

C．命令呈暗淡的颜色，表示相应的程序被破坏

D．当鼠标指向带黑三角符号的菜单项时，会弹出有关级联菜单

二、实训操作

1.显示或隐藏桌面上的"计算机""回收站""控制面板"和"网络"等图标。

2.对桌面上的各图标按"修改日期"进行排列。

3.改变任务栏的大小，位置，然后设置为自动隐藏。

第三节
文件管理与磁盘维护

一、认识文件与文件夹

文件与文件夹是 Windows 操作系统中的两个概念，首先要理解它们，这样才有利于管理计算机。

（一）什么是文件

文件是指存储在计算机中的一组相关数据的集合。这里可以这样理解：计算机中出现的所有数据都可以称为文件，例如程序、文档、图片、动画、电影等。

文件分为系统文件和用户文件，一般情况下，操作者不能修改系统文件的内容，但可以根据需要创建或修改用户文件。

为了区别不同的文件，每一个文件都有唯一的标识，称为文件名。文件名由名称和扩展名两部分组成，两者之间用分隔符"."分开，即"名称.扩展名"。例如"课程表.doc"，其中"课程表"为名称，由用户定义，代表了一个文件的实体；而".doc"为扩展名，由计算机系统自动创建，代表了一种文件类型。

一般情况下，一个文件（用户文件）名称可以任意修改，但扩展名不可修改。在命名文件时，文件名要尽可能精练达意。在 Windows 操作系统下命名文件时，要注意以下几项：

（1）Windows 7 支持长文件名，最长可达 256 个有效字符，不区分大小写。

（2）文件名称中可以有多个分隔符"."，以最后一个作为扩展名的分隔符。

（3）文件名称中除开头以外的任何位置都可以有空格。

（4）文件名称的有效字符包括汉字、数字、英文字母及各种特殊符号等，但文件名中不允许有 /、?、\、*、"、<、> 等。

（5）在同一位置的文件不允许重名。

（二）什么是文件夹

文件夹是用来组织和管理磁盘文件的一种数据结构，一个文件夹中可以包含若干个文件和子文件夹，也可以包含打印机、字体以及回收站中的内容等资源。

文件夹的命名与文件的命名规则相同，但是文件夹通常没有扩展名，其名字最好是易于记忆、便于组织管理的名称，这样有利于查找文件。

对文件夹进行操作时，如果没有指明文件夹，则所操作的文件夹称为当前文件夹。当前文件夹是系统默认的操作对象。

（三）文件的路径

由于文件夹与文件、文件夹与文件夹之间是包含与被包含的关系，这样一层一层地包含下去，就形成了一个树状的结构。我们把这种结构称为"文件夹树"，这是一种非常形象的叫法，其中"树根"是计算机中的磁盘，"树枝"是各级子文件夹，而"树叶"就是文件，如图 2-31 所示。

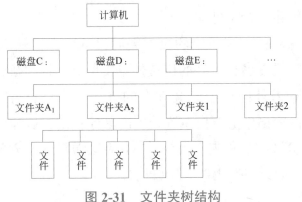

图 2-31　文件夹树结构

从树根出发到任何一个树叶有且仅有一条通道，这条通道就是路径。路径用于指定文件在文件夹树中的位置。例如，对于计算机中的"文件 3"，我们应该指出它位于哪一个磁盘驱动器下，哪一个文件夹下，甚至哪一个子文件夹下……，以此类推，一直到指向最终包含该文件的文件夹，这一系列的驱动器号和文件夹名就构成了文件的路径。

计算机中的路径以反斜杠"\"表示，例如，有一个名称为"photo.jpg"的文件，位于 C 盘的"图像"文件夹下的"照片"子文件夹中，那么它的路径就可以写为"C：\图像\照片\photo.jpg"。

二、文件与文件夹的管理

文件与文件夹
的新建和视图
方式

（一）新建文件夹

文件夹的作用就是存放文件，可以对文件进行分类管理。在 Windows 操作系统下，用户可以根据需要自由创建文件夹，具体操作方法如下。

步骤一：打开"计算机"窗口。

步骤二：在列表区窗格中选择要在其中创建新文件夹的磁盘或文件夹。

步骤三：单击菜单栏中的"文件"/"新建"/"文件夹"命令，即可在指定位置创建一个新的文件夹。

还有另外两种创建文件夹的方法，一是打开"计算机"窗口，在工作区窗格中的空白位置处单击鼠标右键，从弹出的快捷菜单中选择"新建"/"文件夹"命令；二是在菜单栏的下方单击按钮，可以快速创建一个文件夹。

步骤四：创建了新的文件夹后，可以直接输入文件夹名称，按下回车键或在名称以外的位置处单击鼠标，即可确认文件夹的名称。

还有另外两种创建文件夹的方法，一是打开"计算机"窗口，在工作区窗格中的空白位置处单击鼠标右键，从弹出的快捷菜单中选择"新建"/"文件夹"命令；二是在菜单栏的下方单击按钮"新建文件夹"，可以快速创建一个文件夹。

（二）文件与文件夹的视图方式

文件和文件夹的视图方式是指在"计算机"窗口中显示文件和文件夹图标的方式。Windows 7 操作系统提供了"超大图标""大图标""列表"和"平铺"等多种视图方式。更改默认视图方式的操作步骤如下：

步骤一：打开"计算机"窗口。

步骤二：单击"查看"菜单，在打开的菜单中有一组操作视图方式的命令，选择相应的命令可以在各视图之间切换，如图 2-32 所示。

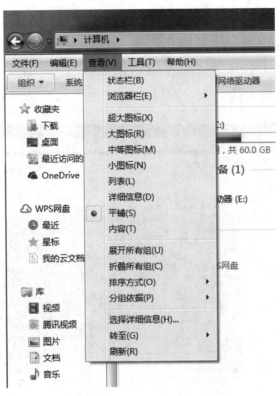

图 2-32　"查看"菜单

除了上面介绍的基本方法以外，还可以通过以下两种方法更改文件和文件夹的视图方式。

方法一：在"计算机"窗口有一个"更改您的视图"按钮，单击该按钮，在打开的列表中可以选择不同的视图方式，如图 2-33 所示。

方法二：在窗口的工作区中单击鼠标右键，在弹出的快捷菜单中选择"查看"命令，在其子菜单中也可以选择需要的视图方式。

图 2-33　选择不同的视图方式

（三）选择文件与文件夹

对文件与文件夹进行操作前必须先选择操作对象。如果要选择某个文件或文件夹，只需用鼠标在"计算机"窗口中单击该对象即可将其选择。

（1）选择多个相邻的文件或文件夹。

要选择多个相邻的文件或文件夹，有两种方法可以实现。最简单的方法是直接使用鼠标进行框选，这时被鼠标框选的文件或文件夹将同时被选择，如图 2-34 所示。

图 2-34　框选文件或文件夹

（2）选择多个不相邻的文件或文件夹。

如果要选择多个不相邻的文件或文件夹，首先单击要选择的第一个文件或文件夹，然后按住 <Ctrl> 键分别单击其他要选择的文件或文件夹即可，如图 2-35 所示。

如果不小心多选择了某个文件，可以按住 <Ctrl> 键的同时继续单击该文件，则可以取消选择。

图 2-35 选择多个不相邻的文件或文件夹

（3）选择全部文件与文件夹。

如果要在某个文件夹下选择全部的文件与子文件夹，可以单击菜单栏中的"编辑"/"全选"命令，或者按下 <Ctrl+A> 键。

（四）重命名文件与文件夹

管理文件与文件夹时，应该根据其内容进行命名，这样可以通过名称判断文件的内容。如果需要更改已有文件或文件夹的名称，可以按照如下步骤进行操作。

步骤一：选择要更改名称的文件或文件夹。

步骤二：使用下列方法之一激活文件或文件夹的名称。

· 单击文件或文件夹的名称。

· 单击菜单栏中的"文件"/"重命名"命令。

· 在文件或文件夹的名称上单击鼠标右键，从弹出的快捷菜单中选择"重命名"命令。

· 按下 F2 键。

（五）复制和移动文件与文件夹

在实际应用中，有时用户需要将某个文件或文件夹复制或移动到其他地方，以方便使用，这时就需要用到复制或移动操作。复制和移动操作基本相同，只不过两者完成的任务不同。复制是创建一个文件或文件夹的副本，原来的文件或文件夹仍存在；移动就是将文件或文件夹从原来的位置移走，放到一个新位置。

（1）使用拖动的方法。

如果要使用鼠标拖动的方法复制或移动文件和文件夹，可以按照下述步骤操作。

步骤一：选择要复制或移动的文件与文件夹。

步骤二：将光标指向所选的文件与文件夹，如果要复制，则按住 Ctrl 键的同时向目标文件夹拖动鼠标到目标文件夹处，这时光标的右下角出现一个"+"号和复制提示，如图 2-36 所示。

文件与文件夹的复制、移动、删除

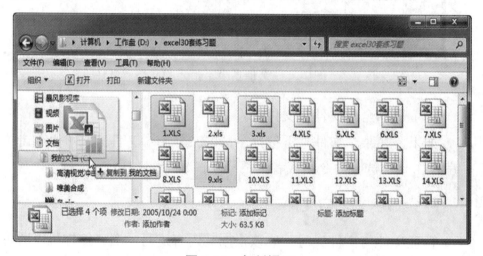

图 2-36　复制提示

步骤三：如果要移动，则直接按住鼠标左键向目标文件夹拖动鼠标，当光标移动到目标文件夹右侧时，则光标右下角出现移动提示，如图 2-37 所示。如果目标文件夹与移动的文件或文件夹不在同一个磁盘上，需要按住 Shift 键后再拖动鼠标。

步骤四：释放鼠标即可完成文件或文件夹的复制或移动操作。

（2）使用"复制（剪切）"与"粘贴"命令。

如果要使用菜单命令复制或移动文件和文件夹，可以按照下述步骤操作。

步骤一：选择要复制或移动的文件和文件夹。

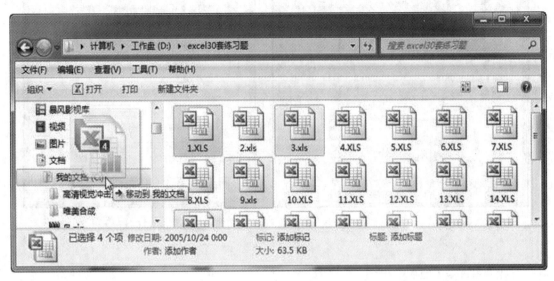

图 2-37　移动提示

步骤二：单击菜单栏中的"编辑""/复制（剪切）"命令，将所选的内容送至 Windows 剪贴板中。

步骤三：选择目标文件夹。

步骤四：单击菜单栏中的"编辑"/"粘贴"命令，则所选的内容将被复制或移动到目标文件夹中。

注意：使用菜单命令复制（或移动）文件和文件夹是最容易理解的操作。除此之外，也可以在快捷菜单中执行"复制""剪切"与"粘贴"命令，当然，还可以按下 <Ctrl+C> 键和 <Ctrl+V> 键。

（3）使用"复制（移动）到文件夹"命令。

除了前面介绍的两种方法之外，用户还可以利用"编辑"/"复制（移动）到文件夹"命令复制或移动文件和文件夹，具体操作步骤如下。

步骤一：选择要复制或移动的文件和文件夹。

步骤二：单击菜单栏中的"编辑"/"复制（移动）到文件夹"命令，如图 2-38 所示。

步骤三：在弹出的"复制（移动）项目"对话框中选择目标文件夹，如图 2-39 所示。如果没有目标文件夹，可以单击按钮，创建一个新目标文件夹。

步骤四：单击"复制"按钮或"移动"按钮，在弹出的"正在复制（移动）"消息框中显示了复制（移动）的进程与剩余时间，该消息框消失后即完成复制或移动操作。

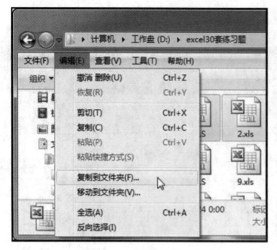

<table>
<tr><td>图 2-38　执行"复制到文件夹"命令</td><td>图 2-39　选择目标文件夹</td></tr>
</table>

（六）删除文件与文件夹

经过长时间的工作，计算机中总会出现一些没用的文件。这样的文件多了，就会占据大量的磁盘空间，影响计算机的运行速度。因此，对于一些不再需要的文件或文件夹，应该将它们从磁盘中删除，以节省磁盘空间，提高计算机的运行速度。

删除文件或文件夹的操作步骤如下。

步骤一：选择要删除的文件或文件夹。

步骤二：按下 <Delete> 键，或者单击菜单栏中的"文件" /"删除"命令，则弹出"删除文件"对话框，如图 2-40 所示。

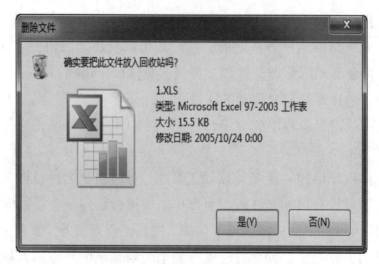

图 2-40　"删除文件"对话框

步骤三：单击"是"按钮，则将文件删除到回收站中。如果删除的是文件夹，则它所包含的子文件夹和文件将一并被删除。

注意：从 U 盘、可移动硬盘、网络服务器中删除的内容将直接被删除，回收站不接收这些文件。另外，当删除的内容超过回收站的容量或者回收站已满时，这些文件将直接被永久性删除。

常用快捷键及其功能如表 2-2 所示。

表 2-2　常用快捷键

快捷键	功能	快捷键	功能
Ctrl+A	全选	Ctrl+C	复制
Ctrl+V	粘贴	Ctrl+X	剪切
Ctrl+Z	撤销	Ctrl+Y	恢复
Ctrl+ 空格	当前输入法和默认输入法的切换	Ctrl+S	保存
Ctrl+H	替换	Ctrl+F	查找
Ctrl+Esc	打开开始菜单	Ctrl+Shift	切换各种输入法
Shift+ 空格	切换输入法的全角和半角	Ctrl+Alt + del	打开任务管理器
Alt+F4	关闭窗口	Alt+Tab	切换窗口
Shift+Delete	永久删除	F2	重命名
Win + D	显示桌面	Win + E	弹出资源管理器
Win + F	弹出搜索对话框	Win + R	弹出运行窗口
Win + M	最小化窗口	Printscreen	截全屏
Alt+ Printscreen	截当前活动窗口	Ctrl+ ·	中英文标点符号切换

三、使用回收站

（一）还原被删除的文件

如果要将已删除的文件或文件夹还原，可以按如下步骤操作。

步骤一：双击桌面上的回收站图标，打开"回收站"窗口，该窗口中显示了回收站中的所有内容。

步骤二：如果要全部还原，则不需要做任何选择，直接单击菜单栏下方的按钮即可，如图 2-41 所示。

图 2-41　还原所有项目

步骤三：如果只需要还原一个或几个文件，则在"回收站"窗口中选择要还原的文件，然后单击菜单栏下方的"还原选定项目"按钮，如图 2-42 所示。

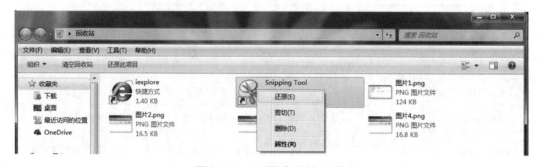

图 2-42　还原选定的文件

注意：在回收站中，文件与文件夹的还原遵循"哪儿来哪儿去"的原则，即文件或文件夹原来是从哪个位置删除的，还原的时候还回到哪个位置去。除了上面介绍的方法，也可以选择"文件"菜单中的"还原"命令进行还原。

（二）清空回收站

当用户确信回收站中的某些或全部信息已经无用，可以将这些信息彻底删除。如果要清空整个回收站，可以按如下步骤操作。

步骤一：双击桌面上的回收站图标，打开"回收站"窗口。

步骤二：单击菜单栏中的"文件"/"清空回收站"命令，或者单击菜单栏下方的"清空回收站"按钮，如图 2-43 所示。

步骤三：这时弹出一个提示信息框，要求用户进行确认，确认后即可清空回收站，将文件或文件夹彻底从硬盘中删除。

还有一种更快速的清空回收站的方法：直接在桌面上的回收站图标上单击鼠标右键，从弹出的快捷菜单中选择"清空回收站"命令。

图 2-43　清空回收站的操作

四、磁盘维护

磁盘（Disk）是指利用磁记录技术存储数据的存储器。磁盘是计算机主要的存储介质，可以存储大量的二进制数据，并且断电后也能保持数据不丢失。早期计算机使用的磁盘是软磁盘（Floppy Disk，简称软盘），如今常用的磁盘是硬磁盘（Hard Disk，简称硬盘）。

（一）格式化磁盘

使用新磁盘之前都要先对磁盘进行格式化。格式化操作将为磁盘创建一个新的文件系统，包括引导记录、分区表以及文件分配表等，使得磁盘的空间能够被重新利用。格式化磁盘的步骤如下。

步骤一：打开"计算机"窗口。

步骤二：在要格式化的磁盘上单击鼠标右键，从弹出的快捷菜单中选择"格式化"命令（或者单击菜单栏中的"文件"/"格式化"命令），将弹出"格式化"对话框，如图 2-44 所示。

步骤三：在对话框中设置格式化磁盘的相关选项。

"容量"用于选择要格式化磁盘的容量，Windows 将自动判断容量。

"文件系统"用于选择文件系统的类型，一般应为 NTFS 格式。

"分配单元大小"用于指定磁盘分配单元的大小或簇的大小，推荐使用默认设置。

"卷标"用于输入卷的名称，以便今后识别。卷标最多可以包含 11 个字符（包含空格）。

"格式化选项"用于选择格式化磁盘的方式。

步骤四：单击"开始"按钮，则开始格式化磁盘。当下方的进度条达到100%时，表示完成格式化操作，如图2-45所示。

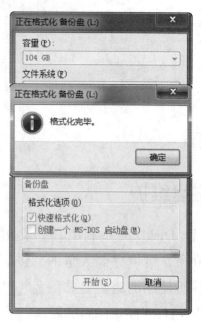

图2-44　"格式化"对话框　　　　图2-45　完成格式化操作

步骤五：单击"确定"按钮，然后关闭"格式化"对话框即可。注意：（格式化操作是破坏性的，所以格式化磁盘之前，一定要对重要资料进行备份，没有十足的把握不要轻易格式化磁盘，特别是电脑中的硬盘。）

（二）清理磁盘

Windows在使用特定的文件时，会将这些文件保留在临时文件夹中；浏览网页的时候会下载很多临时文件；有些程序非法退出时也会产生临时文件，时间久了，磁盘空间就会被过度消耗。如果要释放磁盘空间，逐一去删除这些文件显然是不现实的，而磁盘清理程序可以有效地解决这一问题。

磁盘清理程序可以帮助用户释放磁盘上的空间，该程序首先搜索驱动器，然后列出临时文件、Internet缓存文件和可以完全删除的不需要的文件。具体操作步骤如下。

步骤一：打开"开始"菜单，执行其中的"所有程序"/"附件"/"系统工具"/"磁盘清理"命令，打开"磁盘清理：驱动器选择"对话框，如图2-46所示。

步骤二：在"驱动器"下拉列表中选择要清理的驱动器，然后单击"确定"

按钮，这时弹出"磁盘清理"提示框，提示正在计算所选磁盘上能够释放多少
空间，如图 2-47 所示。

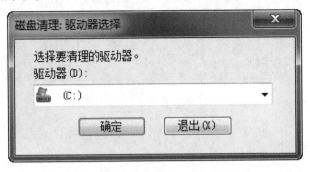

图 2-46　"驱动器选择"对话框

图 2-47　"磁盘清理"提示框

步骤三：计算完成后，则弹出"*** 的磁盘清理"对话框，告诉用户所选
磁盘的计算结果，如图 2-48 所示。

步骤四：在"要删除的文件"列表中勾选要删除的文件，然后单击"确定"
按钮，即可对所选驱动器进行清理，如图 2-49 所示。

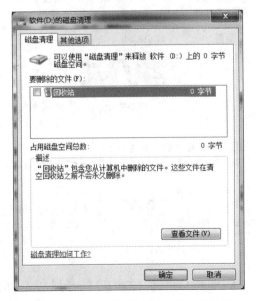

图 2-48　"*** 的磁盘清理"对话框

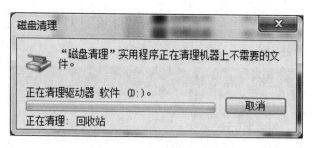

图 2-49　磁盘清理过程

（三）查看磁盘属性

有时用户需要查看磁盘的容量与剩余空间，甚至需要改变磁盘驱动器的名称。这时可以通过磁盘的"属性"对话框完成。具体操作步骤如下。

步骤一：打开"计算机"窗口。

步骤二：在要查看磁盘属性的驱动器图标上单击鼠标右键，从弹出的快捷菜单中选择"属性"命令，则弹出"属性"对话框，如图 2-50 所示。

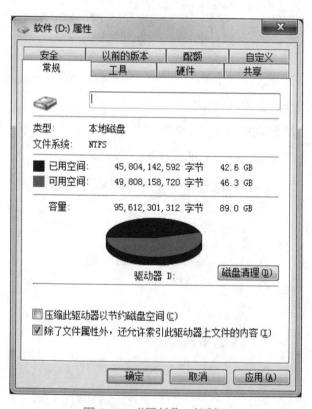

图 2-50　"属性"对话框

步骤三：通过该对话框可以了解磁盘的总容量、空间的使用情况、采用的文件系统等基本属性，也可以重新命名磁盘驱动器，或者单击"磁盘清理"按钮对磁盘进行清理。

步骤四：切换到"工具"选项卡，还可以对该磁盘进行查错、碎片整理、备份等操作，如图 2-51 所示。

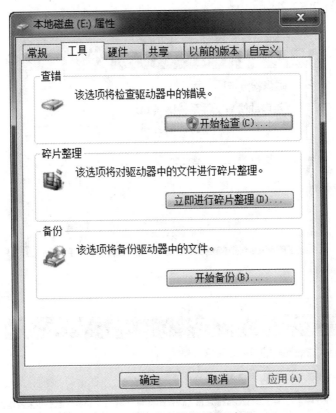

图 2-51　"工具"选项卡

（四）磁盘查错

当使用计算机一段时间以后，由于频繁地在硬盘上安装程序、删除程序、存入文件、删除文件等，可能会产生一些逻辑错误，这些逻辑错误会影响用户的正常使用，如报告磁盘空间不正确、数据无法正常读取等，利用 Windows 7 的磁盘查错功能可以有效地解决上述问题。具体操作步骤如下。

步骤一：打开"计算机"窗口，在需要查错的磁盘上单击鼠标右键，从弹出的快捷菜单中选择"属性"命令。

步骤二：在打开的"属性"对话框中切换到"工具"选项卡，单击"开始检查"按钮。

步骤三：在弹出的"检查磁盘"对话框中有两个选项，其中，"自动修复文件系统错误"选项主要是针对系统文件进行保护性修复，可以不用管它，只选中下方的选项即可，然后单击"开始"按钮，如图 2-52 所示。

步骤四：磁盘管理程序开始检查磁盘，这个过程不需要操作，等待一会儿将出现磁盘检查结果，如果有错误则加以修复；如果没有错误，单击"关闭"按钮即可，如图 2-53 所示。

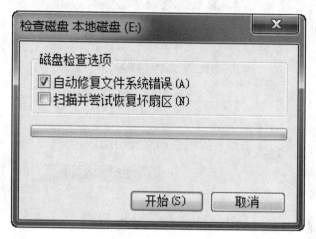

图 2-52　设置检查选项

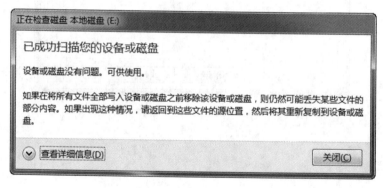

图 2-53　检查结果

（五）磁盘碎片整理

在使用计算机的过程中，由于经常对文件或文件夹进行移动、复制和删除等操作，在磁盘上会形成一些物理位置不连续的磁盘空间，即磁盘碎片。这样，由于文件不连续，所以会影响文件的存取速度。使用 Windows 7 系统提供的"磁盘碎片整理程序"，可以重新安排文件在磁盘中的存储位置，合并可用空间，从而提高程序的运行速度。

整理磁盘碎片的具体操作步骤如下。

步骤一：打开"开始"菜单，执行其中的"所有程序"/"附件"/"系统工具"/"磁盘碎片整理程序"命令，打开"磁盘碎片整理程序"对话框，如图 2-54 所示。

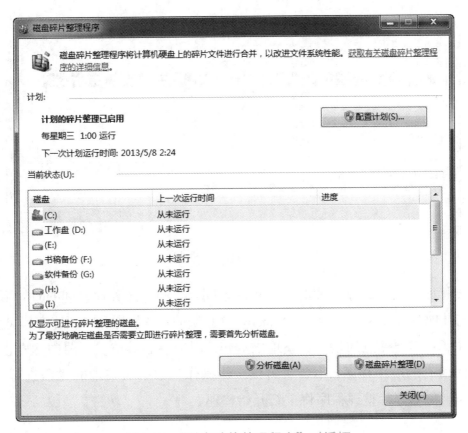

图 2-54 "磁盘碎片整理程序"对话框

步骤二：在对话框下方的列表中选择要整理碎片的磁盘，单击按钮，这时系统将对所选磁盘进行分析，并给出碎片的百分比，如图 2-55 所示。

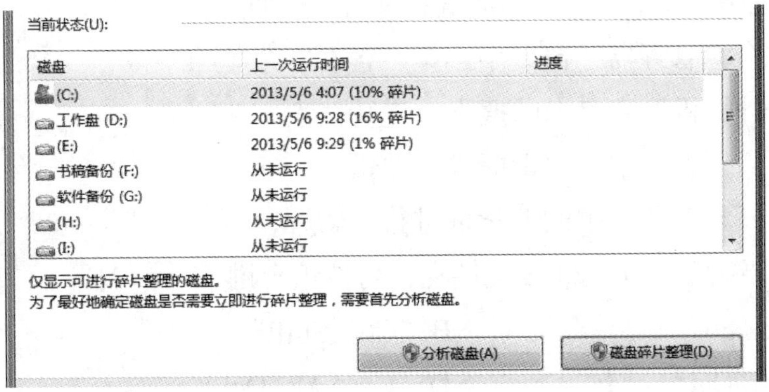

图 2-55 碎片整理程序的分析建议

步骤三：用户可以根据分析结果决定是否进行碎片整理，例如要对 D 盘进行碎片整理，则选择 D 盘后单击"磁盘碎片整理"按钮，系统开始整理碎片，如图 2-56 所示。

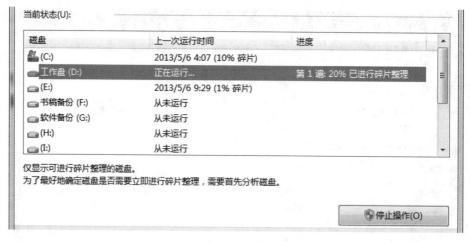

图 2-56　磁盘碎片整理的过程

步骤四：根据磁盘碎片的严重程序不同，不同分区碎片整理的时间不尽相同，与其他 Windows 系统相比，Windows 7 系统的碎片检查和整理速度都快很多。

注意：需要注意的是，在整理磁盘碎片时应耐心等待，不要中途停止。最好关闭所有的应用程序，不要进行读、写操作，如果对整理的磁盘进行了读、写操作，磁盘碎片整理程序将重新开始整理。

 练习题

一、选择题

1. 下列操作中，（　　）不能查找文件或文件夹。

A. 在"资源管理器"窗口中选择"查看"菜单项

B. 用"计算机"窗口中的搜索框进行搜索

C. 用"库"窗口中的搜索框进行搜索

D. 用"开始"菜单中的搜索框进行搜索

2. 如果要完全删除文件或文件夹，可按组合键（　　）。

A. "Ctrl+F6"　　　　　　　　B. "Ctrl+Shift"

C. "Shift+Del"　　　　　　　D. "Ctrl+Alt+Del"

3. 在 Windows 7 中，下面的操作不能激活应用程序的有（　　）。

A. 在任务栏上单击要激活的应用程序按钮

B. 单击要激活的应用程序窗口的任意位置

C. 使用组合键"Ctrl+Win"

D. 使用组合键"Alt+Tab"

4. 在下列关于 Windows7 菜单的说法，不正确的是（　　　）。

A. 在鼠标指向带有向右黑色等边三角形符号的菜单选项时，弹出一个子菜单

B. 命令前有"√"记号的菜单选项，表示该项已经选用

C. 带省略号（…）的菜单选项执行后会打开一个对话框

D. 用灰色字符显示的菜单选项表示响应的程序被破坏

5.Windows 7 将整个计算机显示屏幕看作是（　　　）。

A. 工作台　　　　B. 窗口　　　　C. 桌面　　　　D. 背景

6. 在 Windows 7 中，打开"开始"菜单组合键是（　　　）。

A. "Ctrl+Esc"　B. "Shift+Esc"　　　C. "Alt+Esc"　　　　D. "Alt+Ctrl"

7. 在 Windows 7 中，错误的新建文件夹的操作是（　　　）。

A. 在"资源管理器"窗口中，单击"文件"菜单中的"新建"子菜单中的"文件夹"命令

B. 在 Word 程序窗口中，单击"文件"菜单中的"新建"命令

C. 右击资源管理器的"文件夹内容"窗口的任意空白处，选择快捷菜单中的"新建"子菜单中的"文件夹"命令

D. 在"计算机"的某驱动器窗口中，单击"文件"菜单中的"新建"子菜单中的"文件夹"命令

8. 在"计算机"或者"资源管理器"中，若要选定多个不连续排列的文件，可以先单击第一个待选的文件，然后按住（　　　）键，再单击另外待选文件。

A. "Shift"　　　B. "Tab"　　　C. "Alt"　　　D. "Ctrl"

9. 在 Windows 7 操作系统中，下列操作中与剪贴板无关的是（　　　）。

A. 剪切　　　　B. 复制　　　C. 粘贴　　　D. 删除

10. 在 Windows 7 操作系统中关于文件和文件夹的说法，正确的是（　　　）。

A. 在一个文件夹中可以有两个同名文件

B. 在一个文件夹中可以有两个同名文件夹

C. 在一个文件夹中不可以有一个文件与一个文件夹同名

D. 在不同文件夹中可以有两个同名文件

11. 在 Windows 7 操作系统中，能弹出对话框的操作是（　　　）。

A. 选择了带省略号的菜单项　B. 选择了带向右三角形箭头的菜单项

C. 选择了颜色变灰的菜单项　　D. 运行了与对话框对应的应用程序

12. 有多位用户共享一台加入了域的 Windows 7 操作系统计算机。如果需要阻止用户在驱动器 C 盘使用超过 2GB 的磁盘空间，则可通过（　　）实现。

A. 启用磁盘配额管理，并配置一个默认配额限制

B. 启用对本地磁盘"系统保护"，并设置磁盘空间使用量

C. 在"组策略对象"中，启用"限制"配置文件大小设置

D. 从"组策略对象"中，启用"限制"限制整个漫游用户配置文件缓存的大小

13. 通过（　　），可以实现：将一个空白 DVD 插入 DVD 驱动器时，Windows 资源管理器将自动打开并可从中选择要刻录到 DVD 的文件。

A. 从"默认程序"中，修改"自动播放"设置

B. 从"默认程序"中，修改"默认程序"设置

C. 从"设备管理器"中，修改 DVD 驱动器的属性

D. 从"系统配置实用程序"中，修改"启动"设置

14. 对于一个已载入的 Windows 7 映像（WIM），如果需要查看安装在该映像中的第三方驱动程序列表，应（　　）。

A. 从"Windows 资源管理器"中，打开"\Windows\System32\Drivers"文件夹

B. 运行 Driverquery.exe 命令，并指定"/si"参数

C. 从"设备管理器"中，查看所有设备的驱动程序

D. 运行 Dism.exe 命令，并指定"/getdrivers"参数

15. 在 Windows 7 操作系统的计算机上，需要为普通权限用户提供更新显示器驱动程序的权限，应在"本地组策略"中设置（　　）。

A. 计算机的设备安装设置　　　　　　B. 用户的显示设置

C. 计算机的驱动程序安装设置　　　　D. 用户的驱动程序安装设置

16. 在 Windows 7 操作系统的计算机上使用 Windows Internet Explorer 8 的浏览器打开一个窗口时，显示一个包含不对齐的文本和图形的页面，可通过（　）尝试解决。

A. 启用"兼容性视图"　　　　　B. 禁用"SmartScreen 筛选器"

C. 修改文本大小　　　　　　　　D. 调整显示器的分辨率

17. 在 Windows 7 操作系统中，复制功能的快捷键是（　　）。

A. Ctrl+C　　　　B. Ctrl+V　　　　C. Ctrl+X　　　　D. Ctrl+A

18. Windows 7 操作系统中，文件夹命名错误的是（　　　）。

A. WORKS 　　　B. Works123 　　　C. WORKS*123 　　　D. WORKS 123

19. Windows 7 操作系统中，在同一个硬盘分区如果按住"CTRL+ 鼠标左键"对选中的文件对象进行拖动，可以实现（　　　）。

A. 将该文件复制到不同分区上 　　　B. 在同一个分区复制该文件

C. 移动该文件到另一个位置显示 　　　D. 弹出另一个快捷方式菜单

20. 在 Windows 7 操作系统的资源管理器中，选定多个不相邻的文件或文件夹的方法是（　　　）。

A. 逐一单击各个文件图标

B. 按下 Alt 键并保持不放，再逐一单击各个文件图标

C. 按下 Shift 键并保持不放，再逐一单击各个文件图标

D. 按下 Ctrl 键并保持不放，再逐一单击各个文件图标

21. 在 Windows 7 操作系统中，通过（　　　）可以增加分页文件（虚拟存）的大小。

A. 从"磁盘管理"中，调整启动分区

B. 从"系统"中，修改高级系统设置

C. 从"系统"中，修改系统保护设置

D. 从"磁盘属性"中，设置磁盘配额

22. 以下 Windows 7 操作系统策略中，（　　　）可以阻止任何对移动存储设备的读、写和执行操作。

A. 可移动磁盘：拒绝写入权限

B. 可移动磁盘：拒绝读取权限

C. 所有可移动存储：允许在远程会话中直接访问

D. 所有可移动存储：拒绝所有权限

23. 在 Windows 7 操作系统中，可以通过（　　　）判别文件的类型。

A. 文件的大小 　　　B. 文件的扩展名

C. 文件的存放位置 　　　D. 文件的修改时间

24. 文件名（　　　）不符合 Windows 命名规则。

A. SHENJI.GANSU, CHINA.TXT 　　　B. MARCH ＼ 99.DOC. 67

C. DXL.ELS 　　　D. FILE1

25. 下面关于 Windows 文件名的叙述，错误的是（　　　）。

A. 文件名中允许使用汉字

B. 文件名中允许使用多个圆点分隔符

C. 文件名中允许使用空格

D. 文件名中允许使用竖线"|"

26. 在 Windows 7 中，若在某一文档中连续进行了多次剪切操作，当关闭该文档后，"剪切板"中存放的是（   ）。

A. 所有剪切过的内容　　　　　　　　B. 第一次剪切的内容

C. 空白　　　　　　　　　　　　　　D. 最后一次剪切的内容

27. 在 Windows 7 系统中，回收站是用来（   ）。

A. 接受网络传来的信息　　　　　　　B. 接收输出的信息

C. 存放使用的资源　　　　　　　　　D. 存放删除的文件夹及文件

28. 在"计算机"或者"资源管理器"中，若要选定全部文件或文件夹，按（   ）键。

A. "Alt+A"　　　　B. "Tab+A"　　　　C. "Ctrl+A"　　　　D. "Shift+A"

29. 在 Windows 7 中，下列不能进行文件夹重命名操作的是（   ）。

A. 选定文件后再按"F4"键

B. 右击文件，在弹出的快捷菜单中选择"重命名"命令

C. 选定文件再单击文件名一次

D. 用"资源管理器 | 文件"下拉菜单中的从"重命名"命令

30. 若想要搜索文件名第 2 个字母是 S 而第 5 个字母是 T 的所有文件，则搜索时采用的文件名应该是（   ）

A. *S**T　　　　B. ?S??T*　　　　　C. ?S??T　　　　　D. ?S??T*.*

31. 对 Windows 的回收站，下列叙述正确的是（   ）。

A. "回收站"中可以存放所有外存储器中被删除的文件或文件夹

B. "回收站"是特殊的文件夹

C. "回收站"的大小是固定的，不能调整

D. "回收站"的文件不可以还原

32. Windows 中有很多功能强大的应用程序，其"磁盘碎片整理程序"的主要用途是（   ）。

A. 将进行磁盘文件碎片整理，提高磁盘的读写速度

B. 将磁盘文件碎片删除，释放磁盘空间

C. 将进行磁盘碎片整理，并重新格式化

D. 将不小心摔坏的软盘碎片重新整理规划使其重新可用

二、实训操作

步骤一：在 D 盘根目录下建立如图所示的文件夹，并在 ST3 文件夹下建立空白的 Word 文档，文件名为"我的文档 .doc"。

步骤二：将"我的文档"文件夹下所有文件复制到 ST1 文件夹中。

```
📁Student
├── 📁ST1
├── 📁ST2
└── 📁ST3
```

步骤三：将 C 盘中的"temp"文件夹下".bmp"文件移动到 ST2 文件夹中。

步骤四：将 ST3 文件夹下的文件"我的文档 .doc"删除，然后再还原。

步骤五：在 ST1 文件夹中选择一个文件，设为只读属性。

步骤六：将"C:\WINDOWS \system32 \ freecell.exe"文件复制到 student 文件夹下，并改名为"空当接龙 .exe"。

步骤七：将 student 文件夹下的文件显示方式设为"图标"。

步骤八：选择 ST2 文件夹中的".bmp"文件，将其打开方式更改为"Windows 图片和传真查看器"。

步骤九：查找文件查找"空当接龙 .exe"文件，并打开该文件。

步骤十：清理 C 盘中的临时文件。

第四节
Windows 7 系统环境设置

一、更改桌面主题或背景

计算机桌面背景实际上是一张图片，是可以更改的。用户可以把系统自带的图片设置为桌面背景，也可以选择自己制作的图片或照片作为桌面背景。

更改桌面背景的操作步骤如下。

步骤一：在桌面的空白处单击鼠标右键，从弹出的快捷菜单中选择"个性化"命令，打开"个性化"窗口。

步骤二：在"个性化"窗口中可以直接单击系统预置的主题，例如"建筑""人物"等，如图 2-57 所示。主题是通过预先定义的一组图标、字体、颜色、鼠标指针、声音、背景图片、屏幕保护程序等窗口元素的集合，它是一种预设的桌面外观方案。

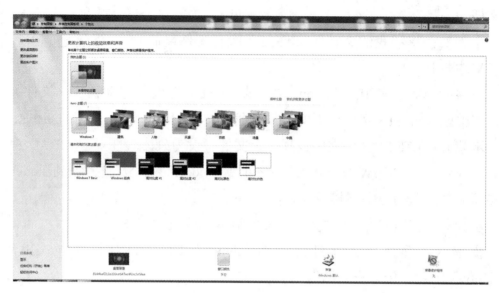

图 2-57 "个性化"窗口

步骤三：如果要更改桌面背景，则在"个性化"窗口的下方单击"桌面背景"文字链接，在弹出的"桌面背景"对话框中可以直接选择系统中的图片，也可以单击"图片位置"右侧的"浏览"按钮，选择所需的图片（如照片、绘画作品等），如图 2-58 所示。

图 2-58 "桌面背景"对话框

步骤四：当选择了图片作为桌面背景时，在对话框下方的"图片位置"下拉列表中可以设置图片的显示方式，分别为"填充""适应""拉伸""平铺"和"居中"。用户可以根据需要进行选择。

步骤五：如果不想使用图片，希望桌面背景是纯色，可以在"图片位置"下拉列表中选择"纯色"，然后在下方的列表中选择一种预置的颜色即可，如图 2-59 所示。

步骤六：单击按钮"保存修改"，则更改了桌面主题或背景。

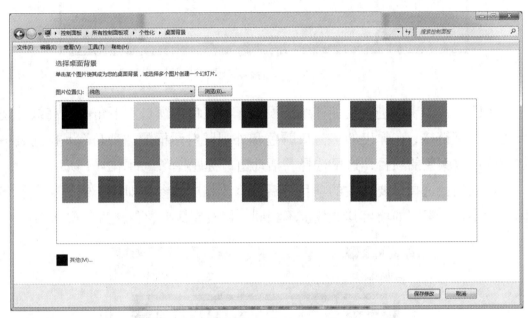

图 2-59　选择纯色为桌面背景

二、设置 Windows 颜色和外观

Windows 7 操作系统在窗口外观和效果样式的设置上有了很多改进，视觉效果更美观，而且允许用户对窗口的颜色、透明度等进行更改，具体操作步骤如下。

步骤一：在桌面的空白处单击鼠标右键，从弹出的快捷菜单中选择"个性化"命令，打开"个性化"窗口。

步骤二：在"个性化"窗口的下方单击"窗口颜色"文字链接，在弹出的"窗口颜色和外观"对话框中可以直接选择系统预置的颜色，这些颜色影响窗口边框、"开始"菜单和任务栏的颜色，并且可以设置颜色浓度、色调、饱和度和亮度，如图 2-60 所示。

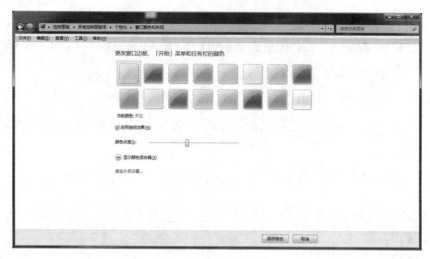

图 2-60 "窗口颜色和外观"对话框

步骤三：如果要进行更加详细的设置，可以单击窗口左下角的"高级外观设置"文字链接，在弹出的"窗口颜色和外观"对话框的"项目"下拉列表中选择要修改颜色的项目，这里选择"活动窗口标题栏"，如图 2-61 所示。

步骤四：选择了要修改的项目以后，修改相应的参数即可，例如颜色、字体、大小等，不同的项目其参数也不相同。修改完成后，依次进行确认即可。

图 2-61 "窗口颜色和外观"对话框

三、设置屏幕保护程序

Windows 7 提供了屏幕保护程序功能，当电脑在指定的时间内没有任何操作时，屏幕保护程序就会运行。要重新工作时，只需按任意键或者移动鼠标即可。设置屏幕保护程序的操作步骤如下。

步骤一：在桌面的空白处单击鼠标右键，从弹出的快捷菜单中选择"个性化"命令，打开"个性化"窗口。

步骤二：在"个性化"窗口的下方单击"屏幕保护程序"文字链接，则弹出"屏幕保护程序设置"对话框，在"屏幕保护程序"下拉表中可以选择要使用的屏幕保护程序，在"等待"选项中可以设置等待时间，就是启动屏幕保护程序的等待时间，如图 2-62 所示。

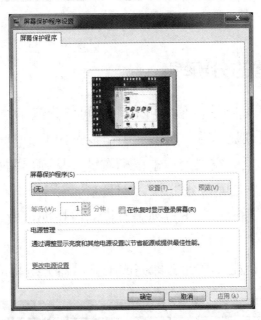

图 2-62　"屏幕保护程序设置"对话框

注意：显示器工作时，电子枪不停地逐行发射电子束，荧光屏上有图像的地方就显示一个亮点，如果长时间让屏幕显示一个静止的画面，那些亮点的地方容易老化。为了不让电脑屏幕长时间地显示一个画面，所以要设置屏幕保护。

步骤三：如果要设置更丰富的参数，可以单击"设置"按钮。例如选择"三维文字"屏幕保护，单击"设置"按钮将打开"三维文字设置"对话框，在该对话框中可以对屏幕保护程序进行更多选项的设置，如图 2-63 所示。

步骤四：依次单击"确定"按钮，完成屏幕保护程序的设置。当计算机空闲达到指定的时间时就会启动屏幕保护程序。

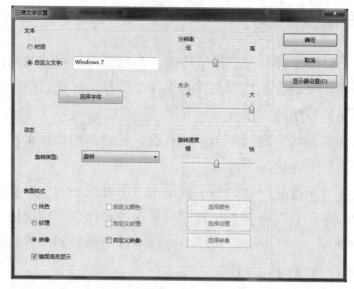

图 2-63 "三维文字设置"对话框

四、更改显示器的分辨率

显示器的分辨率影响着屏幕的可利用空间。分辨率越大，工作空间越大，显示的内容越多。更改显示器分辨率的操作步骤如下。

步骤一：在桌面上的空白处单击鼠标右键，从弹出的快捷菜单中选择"屏幕分辨率"命令，打开"屏幕分辨率"对话框。

步骤二：打开"分辨率"下拉列表，拖动滑块即可改变屏幕分辨率，如图 2-64 所示。

步骤三：单击"确定"按钮，即完成了显示器分辨率的设置。

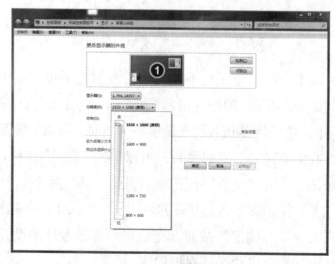

图 2-64 改变屏幕分辨率

五、添加或删除应用程序

安装 Windows 系统时，为了节约计算机空间，很多组件没有安装。需要使用的时候，可以通过控制面板进行添加或删除程序。其具体操作步骤如下。

步骤一：在桌面上单击"开始""/ 控制面板"命令，打开控制面板，如图 2-65 所示。控制面板有三种查看方式，分别是类别、大图标、小图标，用户可以根据习惯选择不同的显示方式。

添加或删除应用程序

图 2-65 控制面板

步骤二：在"类别"查看方式下单击"程序"下方的"卸载程序"文字链接，打开"程序和功能"窗口，如图 2-66 所示。

图 2-66 "程序和功能"窗口

步骤三：在窗口左侧单击"打开或关闭 Windows 功能"文字链接，弹出"Windows 功能"对话框。如果要删除程序则取消该项的选择；如果要添加程序，则勾选该项，如图 2-67 所示。

步骤四：单击"确定"按钮，则程序开始更新，更新完毕后自动关闭"Windows 功能"对话框，如图 2-68 所示。

图 2-67　"Windows 功能"对话框

图 2-68　更新程序的进程

六、用户管理

Windows 7 支持多个用户使用计算机，每个用户都可以设置自己的帐户和密码，并在系统中保持自己的桌面外观、图标及其他个性化设置，不同的帐户互不干扰。

（一）创建新帐户

创建新帐户的操作步骤如下。

步骤一：在桌面上双击"控制面板"图标，打开控制面板。

步骤二：在"类别"查看方式下单击"用户帐户和家庭安全"下方的"添加或删除用户帐户"文字链接，如图 2-69 所示，则弹出"管理帐户"窗口。

图 2-69　添加或删除用户帐户

步骤三：在"管理帐户"窗口的下方单击"创建一个新帐户"文字链接，如图 2-70 所示。

图 2-70　创建一个新帐户

步骤四：在弹出的"创建新帐户"窗口中输入一个新的帐户名称，并选择"标准用户"类型，如图 2-71 所示。

计算机应用基础

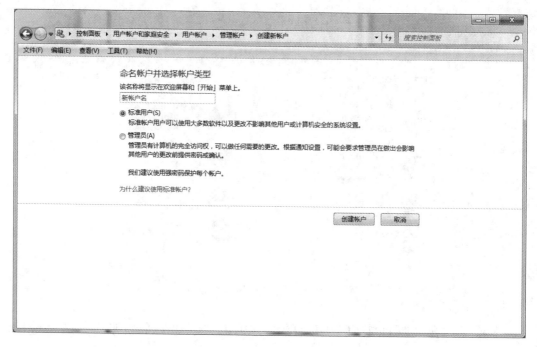

图 2-71 命名帐户并选择帐户类型

步骤五：然后单击"创建帐户"按钮，则可以创建一个新帐户，如图 2-72 所示。

图 2-72 创建的新帐户

（二）更改用户帐户

创建了新帐户后，可以更改该帐户的相关信息，如帐户密码、图片、名称等。例如，要为"zrc"帐户设置密码，可以按如下步骤操作。

步骤一：在桌面上双击"控制面板"图标，打开控制面板。

步骤二：在"类别"查看方式下单击"用户帐户和家庭安全"下方的"添

加或删除用户帐户"文字链接。

步骤三：在弹出的"管理帐户"窗口中单击"zrc"用户图标，则弹出"更改帐户"窗口，如图 2-73 所示。

图 2-73　选择要更改的项目

步骤四：单击"创建密码"文字链接，进入"为 zrc 的帐户创建一个密码"页面，输入密码时需要确认一次，每次输入时必须以相同的大小写方式输入，如图 2-74 所示。

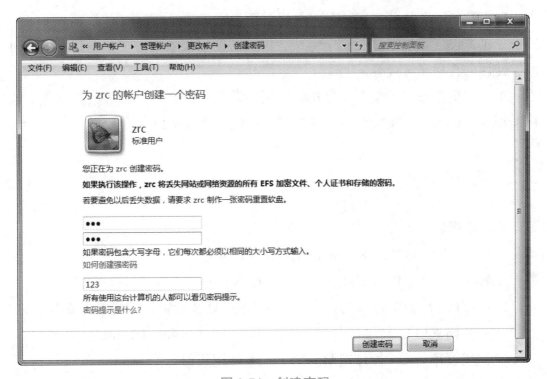

图 2-74　创建密码

步骤五：单击"创建密码"按钮，则为该帐户创建了密码，并重新返回上一窗口，如图 2-75 所示，这时可以继续设置其他选项，如果想结束操作，关闭窗口即可。

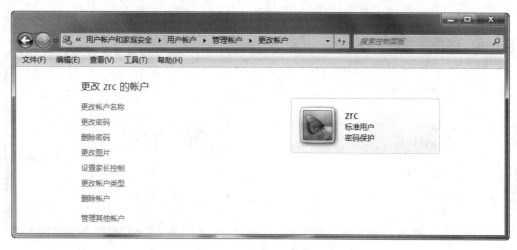

图 2-75　更改后的帐户

单击"更改帐户名称"文字链接，可以对帐户进行重新命名。

单击"创建密码"文字链接，可以为帐户创建登录密码。创建密码以后，该选项将变为"更改密码"，同时出现"删除密码"。

单击"更改图片"文字链接，可以重新为帐户选择一幅图片。

单击"设置家长控制"文字链接，可以帮助家长限制孩子使用计算机的时间、使用的程序和游戏等。

单击"更改帐户类型"文字链接，可以重新指定帐户类型，改为管理员或标准用户。单击"删除帐户"文字链接，可以删除该帐户。

 练习题

一、选择题

1.（　　　）卷类型，在 Windows 7 中不能使用。

A. FAT　　　　　　　B. FAT32　　　　　　C. NTFS　　　　　　D. EXT2

2.Windows 7 操作系统中,（　　　）不能有效防止计算机遭受潜在安全威胁。

A. 使用防火墙　　　　　　　　　　B. 使用 Windows Update

C. 使用管理员帐户操作电脑　　　　D. 使用病毒防护

3. 在 Windows 7 操作系统中（　　　）可以控制儿童在什么时间段使用计算机。

A. 设置定时开关机　　　　　　　B. 使用家长控制功能

C. 通过用户帐户的类型控制　　　D. 设置用户开机口令

4. 如图 2-76 所示，其中的（TCP/IPv4）是指（　　　）。

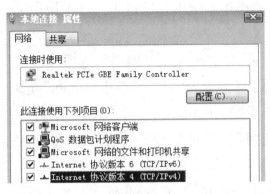

图 2-76

A. 局域网传输协议　　　　　　　B. 拨号入网传输协议

C. 传输控制协议和网际协议　　　D. OSI 协议集

5. 电子邮件是 Internet 应用最广泛的服务项目，它所采用的传输协议通常是（　　　）。

A. SMTP　　　　B. TCP/IP　　　C. IPX/SPX　　　　D. CSMA/CD

6. 在 Windows 7 操作系统中，计算机等待启动屏幕保护程序的最短时间为（　　　）。

A. 30 秒　　　　B. 60 秒　　　　C. 90 秒　　　　D. 120 秒

7. 关于 Windows 7 操作系统中的屏幕保护程序，以下说法正确的是（　　　）。

A. 可以设置用户等待时间　　　B. 可以设置屏保画面

C. 可以节省存储空间　　　　　D. 可以预览屏保效果

8. 在 Windows 7 操作系统中的用户帐户设置中，不能实现（　　　）。

A. 更改帐户密码　　　　　　　B. 更改帐户类型

C. 更改帐户名称　　　　　　　D. 更改帐户的显示属性

9. 在 Windows 7 操作系统中，新建的用户帐号属于以下（　　　）。

A. 管理员组 Administrators　　　B. 超级用户组 Power Users

C. 普通用户组 Users　　　　　　D. 来宾组 Guests

10. 以下关于发送电子的描述中，错误的是（　　　）。

A. 发送电子必须要有第三方的软件支持

B. 发件人必须有自己的 E-mail 帐号

C. 必须知道收件人的 E-mail 地址

D. 电子邮件既可以是文字，也可以是图片、视频等

11. 在 Windows 7 操作系统中，通过（　　）操作可以查看当前网络活动的进程。

A. 打开"资源监视器"，并单击"网络"选项卡

B. 打开"Windows 任务管理器"，并单击"联网"选项卡

C. 打开"事件查看器"，并检查网络配置文件运行日志

D. 打开"性能监视器"，并添加所有网络接口的计数器

12. 显示器的像素分辨率是（　　）好。

A. 一般为　　　B. 越高越　　C.越低越　　D. 中等为

13. 在 Windows 7"个性化"窗口中，为了启用窗口透明效果应从（　　）进入。

A. 窗口颜色　　B. 更改桌面图标　　C. 桌面背景　　　D. 显示

二、实训操作

1. 将桌面背景设置为自己喜欢的图片。

2. 设置屏幕保护程序为三维文字"我的电脑我做主"，同时设置屏保时间为 2 分钟。

3. 创建一个以自己名字的拼音缩写命名的普通帐户。

4. 打开控制面板中的"添加删除程序"窗口并观察。

5. 设置电脑的提示音和音量。

第五节
Windows 7 实用应用软件

一、计算器

Windows 7 中的计算器提供了四种类型：标准型、科学型、程序员和统计信息。使用标准型计算器可以做一些简单的加减运算；使用科学型计算器可以

做一些高级的函数计算；使用程序员类型的计算器可以在不同的进制之间转换；使用统计信息型的计算器可以做一些统计计算。

在桌面上单击"开始"/"所有程序"/"附件"/"计算器"命令，可以打开计算器，默认情况下打开的是标准型计算器，它与我们生活中的计算器具有相同的外观，如图 2-77 所示。

如果要进行其他专业运算，则需要更多的功能，这时可以打开"查看"菜单，如图 2-78 所示，从中选择相应的命令即可切换计算器的类型。例如选择"统计信息"命令，则切换为统计信息计算器，如图 2-79 所示。

 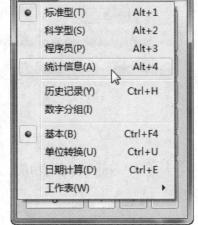 

图 2-77　标准型计算器　　　图 2-78　"查看"菜单　　　图 2-79　统计信息计算器

Windows 7 中计算器的功能大大增强，绝不仅限于简单的计算，除了四种基本的计算器类型以外，在标准型模式下，还可以选择"单位转换"命令，其中，功率、角度、面积、能量、时间、速率、体积等常用物理量的单位换算一应俱全，如图 2-80 所示。

图 2-80　单位转换功能

除此之外，计算器还提供了四种工作表功能，比如"抵押""汽车租赁""油耗"等，功能非常强大，如图 2-81 所示。

图 2-81　抵押还款的计算

二、便笺

利用 Windows 7 系统附件中自带的便笺功能，可以方便用户在使用电脑的过程中随时记录备忘信息。

在桌面上单击"开始"／"所有程序"／"附件"／"便笺"命令，此时在桌面的右上角位置将出现一个黄色的便笺纸，在便笺中可以输入内容，如图 2-82 所示。

如果觉得便笺纸太小，可以将光标放置在边缘上然后拖动鼠标，就可以改变其大小，如图 2-83 所示。

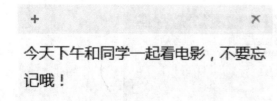

图 2-82　在便笺中输入内容　　　　　图 2-83　改变便笺纸大小

默认情况下，便笺纸的颜色是黄色的，如果要改为其他颜色，可以在便笺纸的编辑区上单击鼠标右键，在弹出的快捷菜单中选择相应的颜色，如图 2-84

所示；如果要删除便笺，可以单击便笺纸右上角的"×"按钮，在弹出的提示框中确认操作即可，如图 2-85 所示。

图 2-84　选择便笺纸的颜色

图 2-85　删除便笺提示框

三、截图工具

截图工具是 Windows 7 中自带的一款用于截取屏幕图像的工具，使用它能够将屏幕中显示的内容截取为图片，并保存为文件或复制到其他程序中。

在桌面上单击"开始"/"所有程序"/"附件"/"截图工具"命令，启动截图工具以后，整个屏幕变成半透明的状态，它提供了四种截图方式，单击"新建"按钮右侧的三角箭头，在打开的下拉列表中可以看到这四种方式，如图 2-86 所示。

"任意格式截图"：选择该方式，在屏幕中按下鼠标左键并拖动，可以将屏幕上任意形状和大小的区域截取为图片。

"矩形截图"：这是程序默认的截图方式。选择该方式，在屏幕中按下鼠标左键并拖动，可以将屏幕中的任意矩形区域截取为图片。

"窗口截图"：选择该方式，在屏幕中单击某个窗口，可将该窗口截取为完整的图片。

"全屏幕截图"：选择该方式，可以将整个屏幕中的图像截取为一张图片。

使用任何一种方式截图以后，会弹出"截图工具"窗口，如图 2-87 所示，在工具栏中有一些简单的图像编辑按钮，用于对截图进行编辑，如复制、保存、绘制标记等。

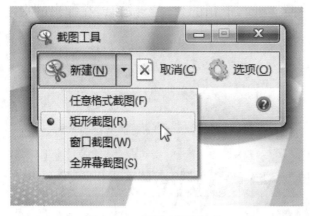

图 2-86　四种截图方式

图 2-87　"截图工具"窗口

四、录音机

　　Windows 7 自带了录音机应用程序，使用它可以录制自己的声音或者喜欢的音乐，还可以混合、编辑和播放声音，也可以将声音链接或插入到另一个文档中。

　　在桌面上单击"开始""/所有程序""/附件""/录音机"命令，打开"录音机"窗口，如图 2-88 所示。

图 2-88　"录音机"窗口

　　要使用录音机程序录制声音，应确保计算机上装有声卡和扬声器，还要有麦克风或其他音频输入设备。单击"开始录制"按钮即可开始录制声音，这时对着麦克风录音即可，录音完毕后，单击按钮，这时弹出"另存为"对话框，在此可以保存录制的声音。

五、媒体播放器

　　Windows Media Player 是系统自带的一款多功能媒体播放器，可以播放 CD、MP3、WAV 和 MIDI 等格式的音频文件，也可以播放 AVI、WMV、VCD/DVD 光盘和 MPEG 等格式的视频文件。

　　在桌面上单击"开始" / "所有程序" / "Windows Media Player"命令，可

以打开 Windows Media Player 的工作界面，如图 2-89 所示。

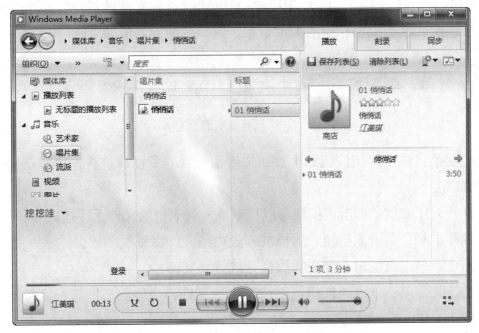

图 2-89　Windows Media Player 的工作界面

按下 Alt 键或者在标题栏下方单击鼠标右键，从打开的菜单中选择"文件"/"打开"命令，如图 2-90 所示，这时将弹出"打开"对话框，从中选择要播放的音频或视频文件即可。

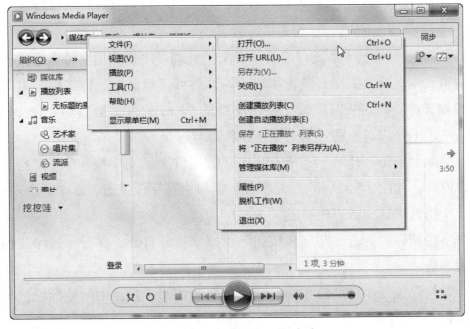

图 2-90　执行"打开"命令

当播放音频或视频时，Windows Media Player 播放器窗口的下方有一排播放控制按钮，如图 2-91 所示，用于控制视频或音频文件的播放，当光标指向这些按钮时，就会出现相应的提示信息。这些按钮的功能如下。

图 2-91　播放控制按钮

进度条：位于控制按钮的上方，进度滑块代表了播放进程，可以拖动它控制播放进度。

打开无序播放：单击该按钮可以控制播放列表中的文件无序播放。

打开重复：单击该按钮，则播放列表中的文件将重复播放。

停止：单击该按钮，停止播放视频或音频文件。

播放 / 暂停：单击该按钮可以播放声音文件。当播放文件时，该按钮变为暂停按钮，单击它时暂停播放。

后退：单击该按钮可以后退到播放列表中的上一个文件。

前进：单击该按钮可以前进到播放列表中的下一个文件。

静音：单击该按钮，可以在关闭声音和打开声音两种状态间切换。

音量：通过拖动音量滑块，可以调节正在播放的视频或音频文件的音量。

六、写字板

写字板是 Windows 系统自带的一个文档处理程序，利用它可以在文档中输入和编辑文本，插入图片、声音和视频等，还可以对文档进行编辑、设置格式和打印等操作。写字板其实就是一个小型的 Word 软件，虽然功能比 Word 软件弱一些，但是应对一些普通的文字工作绰绰有余。

在桌面上单击"开始" / "所有程序" / "附件" / "写字板"命令，打开"写字板"窗口，如图 2-92 所示。"写字板"窗口由写字板按钮、标题栏、功能区、标尺、文档编辑区和状态栏组成。

写字板按钮：通过"写字板按钮"可以新建、打开、保存、打印文档或者退出写字板。

标题栏：位于窗口的最顶端，左侧是快速访问工具，中间是标题，右侧是控制按钮。

功能区：全新的功能区使写字板更加简单易用，其选项均已展开显示，而不是隐藏在菜单中。它集中了最常用的工具，以便用户更加直观地访问它们，从而减少菜单查找操作。

图 2-92　"写字板"窗口

标尺：用于控制段落的缩进。

文档编辑区：用于输入文字或插入图片，完成编辑与排版工作。

状态栏：显示当前文档的状态参数。

启动写字板程序以后，系统会自动创建一个文档，这时直接输入文字即可。写字板的操作与后面要介绍的 Word 2010 基本一样，只是功能弱一些，这里不再详述。

默认情况下，写字板处理的文档是 RTF 文档，另外还有纯文本文档、Office Open XML 文档、Open Document 文档等。

RTF 文档：这种类型的文档可以包含格式信息（如不同的字体、字符格式、制表符格式等）。

文本文档：是指不含任何格式信息的文档，在这种类型的文档中，不能设置字符格式和段落格式，只能简单地输入文字。

Office Open XML 文档：从 Office 2007 开始，Office Open XML 文件格式已经成为 Office 默认的文件格式，它改善了文件和数据管理、数据恢复以及与行业系统的互操作性。

OpenDocument 文档：这是一种基于 XML 规范的开放文档格式。

Unicode 文本文档：包含所有撰写系统的文本，如罗马文、希腊文、中文、平假文和片假文等。

? 练习题

一、选择题

1. 以下附件工具，（　　）是 Windows 7 操作系统中新增的。

A. 录音机　　　　B. 画图　　　　C. 截图工具　　　　D. 记事本

2. 通过（　　）自带的工具软件，可以将录制的视频或音频从数码相机转移到计算机中。

A. Windows Media Player　　　　B. Windows update

C. Windows DVD Maker　　　　D. Windows Movie Maker

3. "记事本"程序可用来编辑扩展名为（　　）的文件。

A.TXT　　　　B.COM　　　　C.EXE　　　　D.BMP

4. 在 Windows 中，下列关于附件中的工具叙述正确的是（　　）。

A. "写字板"是字处理软件，不能插入图形

B. "画图"是绘图工具，不能输入文字

C. "画图"工具不可以进行图形、图片和编辑处理

D. "记事本"不能插入图形

5. 在 Windows 中，要使用附件中的"计算器"计算 5 的 3.7 次方的值，应选择（　　）。

A. 标准型　　　　B. 统计型　　　　C. 高级型　　　　D. 科学型

6. 若 Windows 的桌面上有画图程序的快捷图标，不能启动画图的方法是（　　）。

A. 双击桌面上的"画图"图标

B. 从"开始"菜单"所有程序"项的"附件"中，单击"画图"

C. 从"资源管理器"中，找到"画图"，并双击它

D. 从"资源管理器"中，找到"画图"，并右击它

7. Windows 音频工具"录音机"录制的声音被保存的文件夹扩展名为（　　）。

A. MP3　　　　B. MID　　　　C. AVI　　　　D. WAV

8. 在 Windows 中，"写字板"是一种（　　）。

A. 字处理软件　　　B. 画图工具　　　C. 网页编辑器　　　D. 造字程序

二、实训操作

1. 用画图程序绘制如图 2-93 所示的熊猫头像。

图 2-93

2. 文件属性更换。

步骤一：在记事本里输入以下命令，然后以"创建文件夹 .txt"保存。

md 北京市

md 天津市

md 上海市

md 重庆市

步骤二：将"创建文件夹 .txt"更名为"创建文件夹 .bat"，并双击运行。

3. 在桌面添加"日历"。

步骤一：打开"控制面板"，在"桌面小工具"栏目下选择"向桌面添加小工具"按钮。

步骤二：选择"日历"图标，并双击。

第六节
使用中文输入法

键盘与鼠标的操作

一、键盘与鼠标的操作

　　键盘与鼠标是最重要的输入设备，输入文字离不开键盘与鼠标，因此熟练使用键盘与鼠标是提高工作效率的基础与前提。

（一）键盘的操作

常见的电脑键盘有 101 键、104 键和 107 键之分，但是各种键盘的键位分布大同小异。按照键的排列可以将键盘分为三个区域：字符键区、功能键区、数字键区（也称数字小键盘），如图 2-94 所示为键盘结构示意图。

（1）字符键区。 由于键盘的前身是英文打字机，键盘排列方式已经标准化。因此，电脑的键盘最初就全盘采用了英文打字机的键位排列方式。该功能区主要用于输入字符或数据信息。

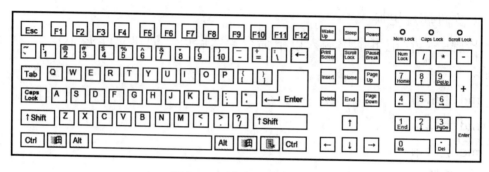

图 2-94　键盘结构示意图

（2）功能键区。 包括键盘最上面一排 Esc 键、F1 ～ F12 键和上、下、左、右键及其纵向对应的 Insert 键、Home 键、PageUp 键、Delete 键、End 键、PageDown 键等。用户可以利用 F1 ～ F12 这 12 个功能键自定义个人常用功能，以减少重复击键的次数。

（3）数字键区。 又称小键盘区，安排在整个键盘的右部，它原来是为专门从事数字录入的工作人员提供方便用的。

电脑键盘中几种常用键位的功能如下。

Enter 键：回车键。将数据或命令送入电脑时即按此键。

Space 键：空格键。用于输入空格、向右移动光标。它是在键盘中最长的键，由于使用频繁，所以它的形状和位置使得左右手都很容易控制它。

BackSpace 键：退格键。有的键盘也用"←"表示。按下它可使光标后退一格，删除当前光标左侧的一个字符。

Shift 键：上档键。由于整个键盘上有 30 个双字符键（即每个键面上标有两个字符），并且英文字母还分大小写，因此可以通过该键转换。

Ctrl 键：控制键。该键一般不单独使用，通常和其他键组合使用，例如 Ctrl+S 表示保存。

Esc 键：退出键。用于退出当前操作。

Alt 键：换档键。与其他键组合成特殊功能键。

Tab 键：制表定位键。一般按下此键可使光标移动 8 个字符的距离。

光标移动键：用箭头↑、↓、←、→分别表示上、下、左、右移动光标。

屏幕翻页键：PgUP(PageUp) 向上翻一页；PgDn(PageDown) 向下翻一页。

Print Screen 键：打印屏幕键。把当前屏幕显示的内容复制到剪贴板中或打印出来。

了解了键盘的基本结构与功能以后，接下来应该掌握如何使用键盘。使用键盘的关键是正确的指法，掌握了正确的指法，养成了良好的习惯，才能真正提高键盘输入速度，体会到电脑的高效率。

① 十指要分工明确，各负其责。双手各指按照明确的分工轻放在键盘上，大拇指自然弯曲放于空格键处。双手十指的分工情况如图 2-95 所示。

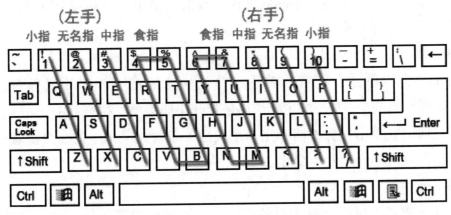

图 2-95　十指的分工

② 平时手指稍弯曲拱起，手指稍斜垂直放在键盘上。指尖后的第一关节微成弧形，轻放键位中央。

③ 要轻击键而不是按键。击键要短促、轻快、有弹性、节奏均匀。任一手指击键后，只要时间允许都应返回基本键位，不可停留在已击键位上。

④ 用拇指侧面击空格键，右手小指击回车键。

（二）鼠标的操作

鼠标作为电脑的必备输入设备，主要用于 Windows 环境中，取代键盘的光标移动键，使移动光标更加方便、更加准确。正确握鼠标的方法是：用右手自然地握住鼠标，掌跟轻抚于桌面，拇指放在鼠标的左侧，无名指和小指放在鼠标的右侧，轻轻夹持住鼠标，食指和中指分别放在鼠标左、右两个按键上。操作时食指控制左键与滚轮，中指控制右键；移动鼠标时，手掌跟不动，靠腕力轻移鼠标，如图 2-96 所示。

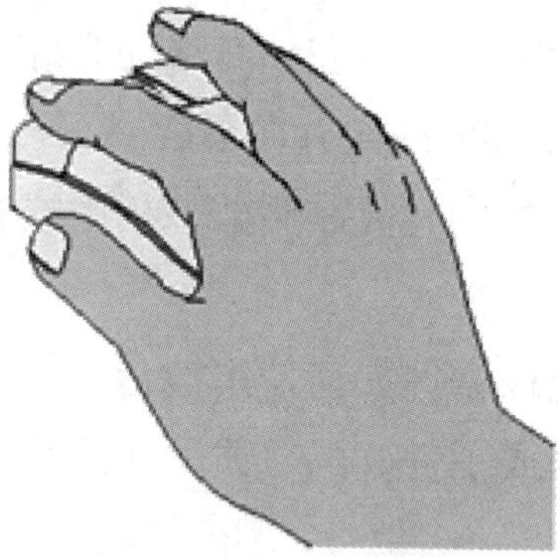

鼠标的操作方式主要有以下几种。

（1）单击

单击是指快速地按下并释放鼠标左键。如果不作特殊说明，单击就是指按下鼠标的左键。单击是最为常用的操作方法，主要用于选择一个文件、执行一个命令、按下一个工具按钮等。

（2）双击

图 2-96　正确握鼠标的姿势

双击是指连续两次快速地按下并释放鼠标左键。注意，双击的间隔不要过长，如果双击鼠标的间隔过长，则系统会认为是两次单击，这是两种截然不同的操作。双击主要用于打开一个窗口，启动一个软件，或者打开一个文件。

（3）右击

右击（也叫单击右键或右单击）是指快速地按下并释放鼠标右键。在 Windows 操作系统中，右击的主要作用是打开快捷菜单，执行其中的相关命令。

在任何时候单击鼠标都将弹出一个快捷菜单，该菜单中的命令随着工作环境、右击位置的不同而发生变化。

（4）拖动

拖动是指将光标指向某个对象以后，按下鼠标左键不放，然后移动鼠标，将该对象移动另一个位置，然后再释放鼠标左键。拖动主要用于移动对象的位置、选择多个对象等操作。

（5）指向

指向是指不对鼠标的左、右键作任何操作，移动鼠标的位置，这时可以看到光标在屏幕上移动。指向主要用于寻找或接近操作对象。

二、安装与删除输入法

（一）内置输入法的添加与删除

内置输入法是指 Windows 7 系统自带的输入法。对于这类输入法，可以按照如下方法添加与删除。

（1）在任务栏右侧的输入法指示器上单击鼠标右键，从弹出的快捷菜单中选择"设置"命令，则弹出"文本服务和输入语言"对话框，如图 2-97 所示。

（2）单击"添加"按钮，则弹出"添加输入语言"对话框，选择要添加的输入法，如图 2-98 所示。

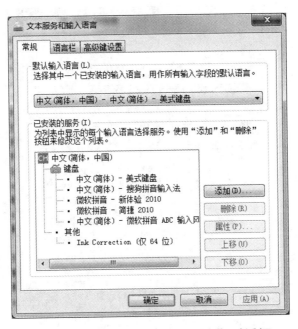

图 2-97　"文本服务和输入语言"对话框

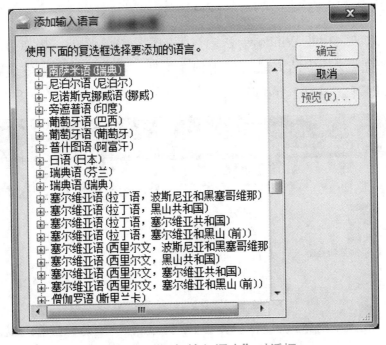

图 2-98　"添加输入语言"对话框

（3）单击"确定"按钮，则添加了新的输入法，如图 2-99 所示。

（4）如果要删除输入法，则在"已安装的服务"列表中选择要删除的输入法，单击"删除"按钮即可。

（5）单击"确定"按钮，确认添加或删除操作。

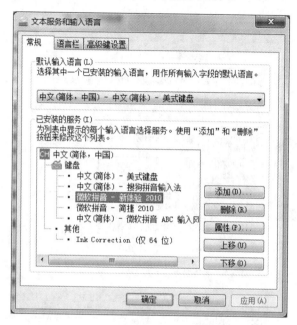

图 2-99　添加新的输入法

（二）外部输入法的安装

外部输入法是指非 Windows 系统自带的输入法，例如"极点五笔字型"输入法。这类输入法的安装方法与应用程序类似。找到输入法的安装程序，双击它进行安装即可，如图 2-100 所示。

图 2-100　极点五笔字型安装程序

（三）选择输入法

输入中文时首先要选择自己会使用的中文输入法。Windows 系统内置了很多中文输入法，要在各中文输入法之间进行切换，可以按 Shift+Ctrl 键进行切换。操作方法是，先按住 Ctrl 键不放，再按 Shift 键，每按一次 Shift 键，会在已经安装的输入法之间按顺序循环切换。

另外，选择输入法的常规方法是：单击任务栏右侧的输入法指示器，可以打开一个输入法列表，如图 2-101 所示，在输入法列表中单击要使用的输入法即可。

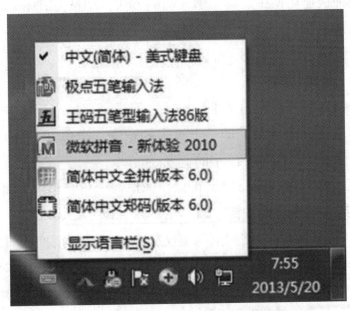

图 2-101　输入法列表

三、中文输入法使用通则

通常情况下，中文输入法有三个重要组成部分，分别是输入法状态条、外码输入窗口、候选窗口。下面以"王码五笔型输入法 86 版"为例介绍各部分的作用。

（一）输入法状态条

当选择了一种中文输入法时，例如选择了"王码五笔型输入法"，这时就会显示一个输入法状态条，如图 2-102 所示。

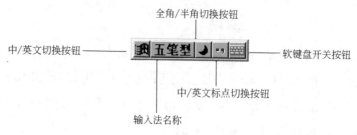

图 2-102　输入法状态条

（1）中 / 英文切换按钮

单击该按钮，可以在当前的汉字输入法与英文输入法之间进行切换。除此之外，还有一种快速切换中、英文输入法的方法，即按 Ctrl+Space 键。

（2）输入法名称

这里显示了输入法的名称。

（3）全角 / 半角切换按钮

单击该按钮，可以在全角 / 半角方式之间进行切换。全角方式时，输入的数字、英文等均占两个字节，即一个汉字的宽度；半角方式时，输入的数字、英文等均占一个字节，即半个汉字的宽度。

除此之外，按 Shift+Space 键，可以快速地在全角、半角之间进行切换。

（4）中 / 英文标点切换按钮

单击该按钮，可以在中文标点与英文标点之间进行切换。如果该按钮显示空心标点，表示对应中文标点；如果该按钮显示实心标点，表示对应英文标点。

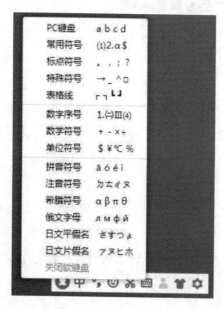

图 2-103　快捷菜单

除此之外，还有一种快速切换中 / 英文标点的方法，即按 Ctrl+.（句点）键。

（5）软键盘开关按钮

单击该按钮，可以打开或关闭软键盘。默认情况下打开的是标准 PC 键盘。当需要输入一些特殊字符时，可以在软键盘开关按钮上单击鼠标右键，这时会出现一个快捷菜单，如图 2-103 所示，选择其中的命令可以打开相应的软键盘，用于输入一些特殊字符。

注意：中文输入法不同，其输入法状态条的外观也不同；即使相同的中文输入法，其版本也影响着输入法状态条的外观，但是基本功能部分是类似的。

（二）外码输入窗口与候选窗口

外码输入窗口用于接收键盘的输入信息，只有输入过程中才出现外码输入窗口。而候选窗口是指供用户选择文字的窗口，该窗口只在有重码或联想情况下才出现，而且其外观形式因输入法的不同而不同，如图 2-104 所示是"王码五笔型输入法"的外码输入与候选窗口。

在候选窗口中单击所需的文字，或者按下文字前方的数字键，可以将文字输入到当前文档中。如果候选窗口中没有所需的文字，可以按"+"键向后翻页，按"-"键向前翻页，直到找到所需的文字为止。

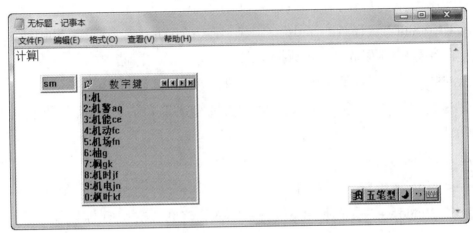

图 2-104　外码输入窗口与候选窗口

四、几个特殊的标点符号

在中文输入法状态下，有几个特殊的标点符号需要初学者掌握，避免在输入文字时找不到这些标点，下面以表格的形式列出，如表 2-3 所示。

表 2-3　特殊的标点符号

标点	名称	对应的键
、	顿号	\
——	破折号	-
……	省略号	^
·	间隔号	@
《 　》	书名号	< >

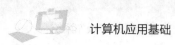
? 练习题

一、选择题

1. Windows 7 操作系统中，如需修改日期和时间的显示格式，应在"区域与语言"对话框中的（　　）设置。

A."位置"选项卡 　　　　　　B."键盘和语言"选项卡

C."格式"选项卡 　　　　　　D."管理"选项卡

2. 默认情况下在 Windows 7 操作系统中，需在多个中文输入法之间进行切换，可使用（　　）。

A. Ctrl+Shit 　　　B. Alt+Shift 　　　C. Ctrl+Alt 　　　D. Shift

3. 在计算机的内部，一切数据均以（　　）形式存储。

A. ASCII 码 　　B. 国标码 　　C. 二进制数 　　　D. BCD 码。

4. 在大多数中文输入法状态下，实现全/半角之间切换的操作可以按（　　）。

A. <CapsLock> 键 　　　　　　B.<Ctrl>+< . > 组合键

C. <Shift>+< 空格 > 组合键 　　　　D.<Ctrl>+< 空格 > 组合键

5. 在 Windows 7 系统中，实现各种输入法之间依次切换的操作是（　　）。

A. 按 <Ctrl>+<Shift> 组合键 　　　B. 单击输入方式切换按钮

C. 按 <Shift>+< 空格 > 组合键 　　　D. 按 <Alt>+< 空格 > 组合键

二、判断题

1. 在 Windows 7 系统中，安装应用程序通常默认安装在 C 盘中的 "Program Files" 文件夹。（　　）

2. Windows7 系统自带的 Windows Media Player 版本为 Windows Media Player10.0。（　　）

3. Windows 7 系统中，锁定任务栏后，任务栏上程序快捷方式不可再解锁。（　　）

4. 在汉字输入法中，按下 Shift 键可以进行中英文切换。（　　）

5. Windows 7 系统中，窗口的组成部分中不包含任务栏。（　　）

6. 在 Windows 7 系统中，任务栏的作用仅仅是显示运行的程序名。（　　）

7. Windows 7 系统中，呈灰色显示的菜单表示该项功能此时不可用。（　　）

8. Windows 7 系统中，鼠标左键单击某应用程序窗口的最小化按钮后，该

应用程序仍将在后台继续运行。(　　　)

9. 选定某个文件夹并按下"Shift+Delete"后，该文件夹将被移动进入硬盘中的回收站。(　　)

10. 在 Windows 7 系统中，通过远程协助功能可以允许其他计算机远程连接本台计算机。(　　)

11. 任何一台计算机都可以安装 Windows 7 操作系统。(　　　)

12. 正版 Windows 7 操作系统，不需要安装安全防护软件。(　　　)

13. Windows 7 操作系统中，默认设置的"我的文件"位置可以更改。(　　　)

14. 正版 Windows 7 操作系统不需要激活即可使用。(　　　)

自我评价表

评价模块＼知识点	知识与技能			作业实操			体验与探索		
	熟练掌握	一般认识	简单了解	独立完成	合作完成	不能完成	收获很大	比较困难	不感兴趣
操作系统概述	☐	☐	☐	☐	☐	☐	☐	☐	☐
Windows 7 基本操作	☐	☐	☐	☐	☐	☐	☐	☐	☐
文件管理与磁盘维护	☐	☐	☐	☐	☐	☐	☐	☐	☐
Windows 7 系统环境设置	☐	☐	☐	☐	☐	☐	☐	☐	☐
Windows 7 实用应用软件	☐	☐	☐	☐	☐	☐	☐	☐	☐
使用中文输入法	☐	☐	☐	☐	☐	☐	☐	☐	☐
疑难问题									
学习收获									

第三章

Word 2010 的应用

学习目标

- 了解 Word 2010 软件的特点和作用
- 掌握 Word 2010 软件的基本操作功能
- 能够使用 Word 2010 制作常用的办公文档

Word 2010 是 Office 2010 套装软件中专门进行文字处理的应用软件，利用 Word 2010 可以创建专业水准的文档，轻松高效地与他人协同工作。可以方便地创建与编辑报告、信件、新闻稿、传真和表格等，用户可以用它来处理文字、表格、图形、图片等。Word 2010 界面友好、功能丰富、易学易用、操作方便，能满足各种文档排版和打印需求，且"所见即所得"，现已成为电脑办公必备的工具软件之一。

第一节

Word 2010的文档创建

一、启动 Word 2010

要创建一个新文档，首先要启动 Word 2010。启动 Word 最简单的方法是选择"开始"菜单中的"程序"，从弹出的级联菜单中选择"Microsoft Word 2010"命令即可启动 Word 2010（见图 3-1）。此外也可双击桌面上的 Microsoft Word 图标来启动 Word 2010（见图 3-2）。

图 3-1　启动 Word 2010（一）

图 3-2　启动 Word 2010（二）

二、Word 2010 的工作界面

启动 Word 2010 后，系统自动建立一个空白文档"文档 1"。Word 2010 窗口基本界面如图 3-3 所示，主要由九个部分组成，分别是标题栏、菜单栏、快速访问工具栏、文本编辑区、标尺、滚动条、功能区、视图按钮和状态栏。

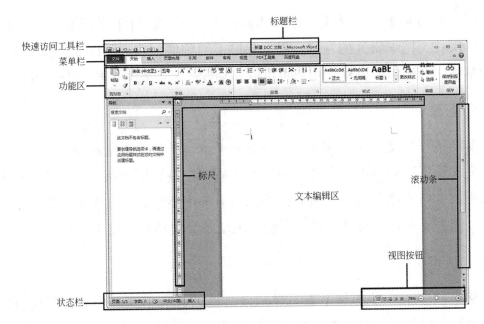

图 3-3　Word 2010 窗口基本界面

（一）标题栏

标题栏位于窗口的最上方，显示该文档的名称。第一次打开窗口时显示的标题为"文档 1"。

（二）菜单栏

菜单栏位于标题栏的下方，在此可以根据不同的分类来选择相应的操作，例如：单击"文件"这个菜单选项，可以选择对文件进行新建、打开和保存等操作。菜单栏里存放了 Word 2010 的所有操作命令。

（三）快速访问工具栏

通过点击快速访问工具栏可以快速新建文件、保存文件、返回操作等。

（四）功能区

功能区位于菜单栏的下方，点击不同的菜单栏可以获得相应的功能选项卡。

（五）文本编辑区

中间空白的区域是文本编辑区。用户可以在这个区域内输入文字、插入对象和编辑文档内容。

（六）标尺

标尺分为水平标尺和垂直标尺两种：水平标尺被置于文档编辑区的上端；垂直标尺在文档编辑区的左端。根据标尺上的刻度，用户可以准确地了解文档中的某些内容显示的位置。用户也可以移动标尺来改变对文档的布局设置。

（七）滚动条

滚动条与标尺一样，滚动条也分为水平滚动条和垂直滚动条两种，分别包围在文本编辑区的下端与右端。通过上拉或下拉垂直滚动条，或者左移或者右移水平滚动条来浏览文档的所有内容。当屏幕中能够显示整个页面时，滚动条会自动消失。一旦无法显示整个页面，滚动条会自动显现出来。

（八）状态栏

状态栏位于屏幕的最下方。显示该文档的有关信息。例如：当前页的页码、页数，以及当前对文档的操作类型是改写还是插入等。

（九）视图按钮

通过点击视图按钮可以快速在页面视图、阅读版式视图、Web 版式视图、大纲视图、草稿之间切换。另外通过调整后部百分比可以调整文本编辑区画幅。

三、新建文档

启动 Word 2010 后，它就自动创建一个新文档，除此之外，如果在编辑文档的过程中还需要另外创建一个或多个新文档时，常用的方法有：

（1）单击常用工具栏中的"新建空白文档"按钮，如图 3-4 所示。

（2）使用快捷键"Ctrl+N"。

创建的文档依次命名为"文档 1""文档 2""文档 3"……每创建一个新文档对应有一个独立的窗口，任务栏中就有一个相应的文档按钮，可单击

图 3-4　创建一个新文档

按钮进行文档间的切换。

（3）如果用户想根据模板创建新文档，可以按下面的操作进行：

① 单击"文件"菜单中的"新建"命令，窗口右侧出现"新建文档"任务窗格，如图 3-5 所示。

② 选择其中一个选项，如"本机上的模板…"，出现"模板"对话框，根据向导选择所需的模板和录入信息。

③ 单击"创建"按钮完成新建文档的操作。如果该模板还没有安装，则在单击"确定"之后会安装相应的 Office 组件。

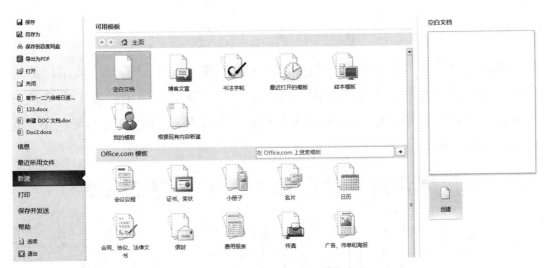

图 3-5　创建一个新文档

四、输入文本

新建一个文档后，就可以输入文本了。在窗口工作区中有一个闪烁的黑色竖条叫插入点，它表明输入字符的位置，当输入文本时，插入点自左向右移动。如果输入了一个错误的字符，可以按 Backspace 键删除它，然后继续输入。

注：Word 有自动换行的功能，当输入到达每行的末尾时不必按 Enter 键，Word 会自动换行，只有另起一个新的段落时才按 Enter 键。按 Enter 键表示原段落的结束，新段落的开始。

（一）中、英文的输入

中文 Word 既可以输入汉字，也可以输入英文。中 / 英文输入法的切换方法有两种：

（1）单击任务栏右端的"语言指示器"按钮，在"输入法"列表中单击所需的输入法。

（2）组合键方式："Ctrl+空格键"可以在中／英文输入法之间切换；按组合键"Ctrl＋Shift"键可以在各种输入法之间切换。

注意：双击状态栏上的"改写"项，或按键盘上的 Insert 键可以在"插入"和"改写"方式之间切换。

（二）插入符号

1. 标点符号的输入

如果使用英文标点符号，按照键盘上的键位输入就可以了。一般用户都是使用中文，所以使用中文标点较多，首先确认输入法状态条中设置了中文状态的标点符号。只要单击输入法状态条中的中／英文标点切换按钮即可在中／英文标点之间切换。

图 3-6　插入特殊符号

2. 插入特殊符号

把插入点移动到要插入符号的位置，选择"插入"下拉菜单中的"符号"命令，打开"其他符号"对话框，如图 3-6 所示，找到要插入的符号，单击对话框中的"插入"按钮即可。

五、文档的保存与保护

（一）保存文档

1. 保存新文档

当用户在新文档中完成字符输入后，此文档的内容还驻留在内存中。在退出 Word 之前需要将它作为磁盘文件保存起来。

（1）保存的方法有如下几种：

方法一：单击"常用"工具栏中的"保存"按钮。

方法二：单击"文件"下拉菜单中的"保存"命令。

方法三：直接按下快捷键"Ctrl+S"。

（2）无论执行上述哪一种方法，都会打开"另存为"对话框。然后在"保存位置"列表框中，选择所需保存文件的驱动器或文件夹。文件和文件夹列表显示了所选的驱动器或文件夹中的内容，如图 3-7 所示。

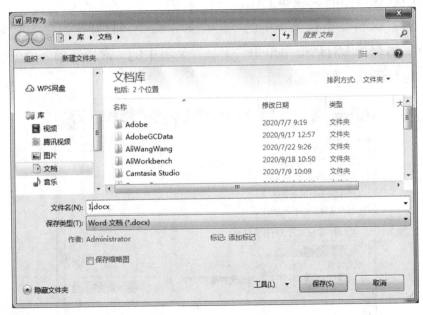

图 3-7　保存新文档

（3）在"文件名"列表框中键入具体的文件名，然后单击"保存"按钮执行保存操作。

2. 保存已有的文档

已有的文件打开和修改后，同样可以用上述方法将修改后的文档以原来的

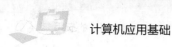

文件名保存在原来的文件夹中。此时不再出现"另存为"对话框。

3. 重新命名并保存文档

把正在编辑的文档以另一个不同的名字保存起来。步骤如下：

步骤一：选择"文件"下拉菜单中的"另存为"命令打开"另存为"对话框。

步骤二：在"保存位置"下拉列表框中选择保存的文件夹。

步骤三：在"文件名"文本框中输入文件的新名称。

步骤四：单击"确定"按钮保存文档。

4. 保存多个文档

如果想一次保存多个已编辑修改的文档，执行的操作是按住 Shift 键的同时单击"文件"菜单打开"文件"下拉菜单，这时菜单中的"保存"命令已变成"全部保存"命令，单击"全部保存"命令就可以一次保存多个文档。

（二）文档的保护——给文档设置密码

给文档设置密码的步骤如下：

① 选择"文件"下拉菜单中的"另存为"命令，打开"另存为"对话框。

② 在"另存为"对话框中单击"工具"菜单中的"常规选项"命令打开"常规选项"的对话框，如图 3-8 所示。

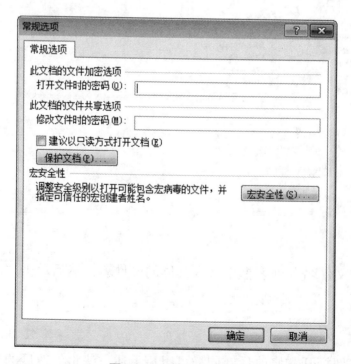

图 3-8　文档设置密码

③ 在"打开文件时的密码"和"修改文件时的密码"文本框中输入密码，密码可以是数字、字母和符号，并且区分大小写。

④ 单击"确定"按钮弹出如图 3-9 所示的"确认密码"对话框。

⑤ 在文本框中再次输入打开文件时的密码作确认，单击"确定"按钮，如果还设置了"修改文件时的密码"则又显示一个与上图一样的对话框，再输入一次修改文件时的密码确认后，单击"确定"按钮，屏幕返回"另存为"对话框。

⑥ 将文档保存，使所设置的密码起作用。

⑦ 当再次打开此文档时屏幕弹出如图 3-10 所示的"密码"对话框。

⑧ 输入正确的密码后方可打开该文档。

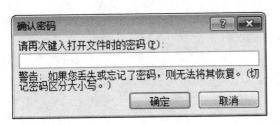

图 3-9　文档设置密码（一）

图 3-10　文档设置密码（二）

六、关闭与打开文档

（一）关闭文档

在 Word 2010 中关闭当前文档的方法有以下几种：

① 选择"文件"菜单中的"关闭"命令。

② 单击窗口中的"关闭"按钮。

③ 按快捷键"Alt+ F4"。

④ 双击窗口左上角的"控制菜单"图标。

（二）打开一个文档

在 Word 窗口中，打开 Word 文档的方法有三种：

① 单击常用工具栏中的"打开"按钮。

② 单击"文件"下拉菜单中的"打开"命令。

③ 直接按快捷键"Ctrl+O"。

出现"打开"对话框，在对话框的"查找范围"下拉列表框中，选择文档所在的驱动器和文件夹，在对话框中就会看到要打开的文件，选定它，单击"打开"按钮，打开该文档，如图3-11所示。

图3-11　打开一个文档

（三）打开由其他软件所创建的文件

Word能识别很多由其他软件创建的文件格式（如WPS、纯文本文件等），并在打开这类文档时自动转换为Word文档。步骤如下：

① 单击"文件"下拉菜单中的"打开"命令或单击"常用工具栏"中的"打开"按钮，出现"打开"对话框。

② 在对话框的"查找范围"下拉列表框中，选择文件所在的文件夹，在"文件类型"列表框中选择要打开的文件类型。如果不知道要打开的文件类型，可以在列表框中选择"所有文件"选项。

③ 文件列表框中列出文件夹中所有该类型的文件，选中要打开的文件，再单击"打开"按钮，则该文件转换为Word格式并打开。

（四）打开最近使用过的文档

在"文件"下拉菜单中所保留的最近使用过的文档名中选择并单击它。

注意：默认情况下，"文件"下拉菜单中保留 4 个最近使用过的文档名。但也可以设置保留文档的个数。

？ 练习题

一、选择题

1. 中文 Word 是（　　　）。

A. 文字处理软件　　　　B. 系统软件　　　　　　C. 硬件　　　D. 操作系统

2. 在 Word 的文档窗口进行最小化操作（　　　）。

A. 会将指定的文档关闭

B. 会关闭文档及其窗口

C. 文档的窗口和文档都没关闭

D. 会将指定的文档从外存中读入并显示出来

3. 若想在屏幕上显示常用工具栏，应当使用（　　　）。

A. "视图"菜单中的命令　　　　　　　B. "格式"菜单中的命令

C. "插入"菜单中的命令　　　　　　　D. "工具"菜单中的命令

4. 新建 Word 文档的快捷键是（　　　）。

A. Ctrl+N　　　　　　B. Ctrl+O　　　　　　C. Ctrl+C　　　D. Ctrl+S

5. 用 Word 进行编辑时，要将选定区域的内容放到剪贴板上，可单击工具栏中（　　　）。

A. 剪切或替换　　　　B. 剪切或清除

C. 剪切或复制　　　　D. 剪切或粘贴

6. 在 Word 中，用户同时编辑多个文档，要一次将它们全部保存应（　　　）操作。

A. 按住 Shift 键，并选择"文件"菜单中的"全部保存"命令

B. 按住 Ctrl 键，并选择"文件"菜单中的"全部保存"命令

C. 直接选择"文件"菜单中"另存为"命令

D. 按住 Alt 键，并选择"文件"菜单中的"全部保存"命令

7. 以下操作不能退出 Word 的是（　　　）。

A. 单击标题栏左端控制菜单中的"关闭"命令

B. 单击文档标题栏右端的"X"按钮。

C. 单击"文件"菜单中的"退出"命令

D. 单击应用程序窗口标题栏右端的"X"按钮

8. 在使用 Word 进行文字编辑时，下面叙述中错误的是（　　　）。

A. Word 可将正在编辑的文档另存为一个纯文本 (TXT) 文件

B. 使用"文件"菜单中的"打开"命令可以打开一个已存在的 Word 文档

C. 打印预览时，打印机必须是已经开启的

D. Word 允许同时打开多个文档

9. 在 Word 主窗口的右上角，可以同时显示的按钮是（　　　）。

A. 最小化、还原和最大化　　　　　B. 还原、最大化和关闭

C. 最小化、还原和关闭　　　　　　D. 还原和最大化

二、填空题

1. Word 默认显示的工具栏是（　　　）和（　　　）工具栏。

2. 单击（　　　）按钮，鼠标指向（　　　）然后再指向其子菜单中的"Microsoft Word"就启动了 Word。

3. 第一次启动 Word 后系统自动建立一空白文档名为（　　　）。

4. 如果想保存修改后的文档，但不覆盖原文档，或把当前文档以其他格式保存，或对原文档以其他文件名、其他位置进行保存，可以使用（　　　）选项卡中的（　　　）命令。

5. Word 在编辑一个文档完毕后，要想知道它打印后的结果，可使用（　　　）功能。

三、实训操作

步骤一：新建 Microsoft Word 文档，命名为"新建文档 - 春 .dcox"；

步骤二：打开"新建文档 - 春 .dcox"，观察工作界面，在编辑区输入以下内容：Microsoft Word 2010 欢迎你的使用，现在录入朱自清的《春》。

《春》

朱自清

盼望着，盼望着，东风来了，春天的脚步近了。

一切都像刚睡醒的样子，欣欣然张开了眼。山朗润起来了，水涨起来了，太阳的脸红起来了。

小草偷偷地从土里钻出来，嫩嫩的，绿绿的。园子里，田野里，瞧去，一大片一大片满是的。坐着，躺着，打两个滚，踢几脚球，赛几趟跑，捉几回迷

藏。风轻悄悄的，草绵软软的。

步骤三：文件用"另存为"的方式，存放于 E:\，文件名为"朱自清的《春》"。

第二节
Word 2010的文本编辑

在 Office 2010 套装软件中，文本编辑方式统一。该环节知识点介绍可以适用于套装软件中大部分的文本编辑模块。

一、选定文本

在文本某处插入、删除、修改、复制、移动某些内容，查找和替换指定的文本等都是基本的编辑操作。在 Word 中大多数的操作只对选定的文本有效，这是"先选定，后操作"的规则。选定文本有两种方式：使用鼠标选定、使用键盘选定。

（一）用鼠标选定文本

① 选定任意大小的文本区：首先将鼠标指针移动到要选定文本的开始处，然后按鼠标左键不放拖动到最后一个字符后松开。

② 选定大块或长文本：鼠标指针单击要选定区域的开始处，然后按住 Shift 键不放，再单击该区域的末尾。

③ 选定不连续的文本：先选定第一区，然后按住 Ctrl 键不放，依次选择第二区、第三区……直到最后一个区域。

④ 选定一个矩形区域：按住 Alt 键不放，将鼠标指针指向所选区域的左上角按住鼠标左键拖动至右下角即可。

⑤ 选定一个词语：将鼠标指针移到该词语处连击两下。

⑥ 选定一个句子：按住 Ctrl 键，在该句子的任意处单击鼠标。

⑦ 选定一个段落：将鼠标指针移到该段落任意处连击三下。

⑧ 利用文档左侧选定区进行选择：将鼠标指针移动到这一行的左端，鼠标指针变成右上指的箭头时，单击鼠标左键选定一行文本；双击左键选定一段；三击左键选定整个文档（也可以单击"编辑"下拉菜单中的"全选"命令或直接按"Ctrl+A"选定）；按鼠标左键拖动则选定多行文本。

（二）用键盘选定文本

Word 提供了一整套利用键盘选定文本的方法，主要是通过 Ctrl、Shift 和方向键来实现的，常见的操作如表 3-1 所示。

表3-1 选择文本用的快捷键

按键	作用	按键	作用
Shift+ ↑	向上选定一行	Ctrl+ Shift+ ↑	选定内容扩展至段首
Shift+ ↓	向下选定一行	Ctrl+ Shift+ ↓	选定内容扩展至段尾
Shift+ ←	向左选定一个字符	Shift+ Home	选定内容扩展至行首
Shift+ →	向右选定一个字符	Shift+ End	选定内容扩展至行尾
Ctrl+A	选定整个文档	Shift+ Pgup	选定内容向上扩展一屏
Ctrl+ Shift+ End	选定内容扩展至文档结尾	Shift+ Pgdn	选定内容向下扩展一屏

二、插入和删除文本

（一）插入文本

在"插入"方式下，只要将插入点移到要插入文本的位置，输入新文本就可以了，这时插入点右边的字符随之向右移动。在"改写"方式下，插入点右边的字符将被新输入的字符所替代。

（二）删除文本

删除少量字符最简单的方法是：将插入点移到该处，然后按 <Delete> 键删除插入点右边的字符，按 <Backspace> 键删除插入点左边的字符。要删除几行或一大块文本，首先选定要删除的文本，然后按 <Delete> 键（或者单击工具栏中的"剪切"按钮）。

三、移动文本

（一）使用菜单命令移动文本

具体操作步骤如下 。

步骤一：选定要移动的文本。

步骤二：执行"剪切"操作 (可以选择"编辑"下拉菜单中的"剪切"命令或者工具栏中的"剪切"按钮，还可以将鼠标指向选定文本单击右键从弹出的快捷菜单中选"剪切"命令)，将选定对象临时保存在剪贴板上。

步骤三：将光标移到目标位置。

步骤四：执行"粘贴"操作 (可以选择"编辑"下拉菜单中的"粘贴"命令或者工具栏中的"粘贴"按钮，还可以将鼠标指向选定文本单击右键从弹出的快捷菜单中选"粘贴"命令)。

（二）使用鼠标拖动文本

如果要移动的文本较短，而且目标位置和原来位置在同一屏中，那么用鼠标拖动更为简捷。步骤如下 。

步骤一：选定要移动的文本。

步骤二：将鼠标指针移到所选定的文本区，指针变成向左上指的箭头。

步骤三：按住鼠标左键不放拖动，这时鼠标指针下方出现一个灰色的矩形，并在其前方出现一虚竖线，表示文本要插入的位置。

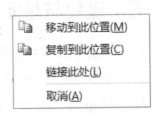

图 3-12　拖动文本

步骤四：拖动至目标位置松开左键。

注意：如果按鼠标右键拖动至目标位置时，则弹出快捷菜单 (见图 3-12)，从中选择"移动到此位置"就可以了。

四、复制文本

（一）使用菜单命令移动文本

具体操作步骤如下。

步骤一：选定要复制的文本。

步骤二：执行"复制"操作（可以选择"编辑"下拉菜单中的"复制"命令或者工具栏中的"复制"按钮，还可以将鼠标指向选定文本单击右键从弹出的快捷菜单中选"复制"命令），将选定对象临时保存在剪贴板上。

步骤三：将光标移到目标位置。

步骤四：执行"粘贴"操作（可以选择"编辑"下拉菜单中的"粘贴"命令或者工具栏中的"粘贴"按钮，还可以将鼠标指向选定文本单击右键从弹出的快捷菜单中选"粘贴"命令）。

（二）使用鼠标拖动文本

具体操作步骤如下。

步骤一：选定要复制的文本。

步骤二：将鼠标指针移到所选定的文本区，指针变成向左上指的箭头。

步骤三：按住 Ctrl 键，再按住鼠标左键不放拖动，这时鼠标指针下方出现一个灰色的矩形和一个带"＋"号的矩形，并在其前方出现一虚竖线，表示文本要插入的位置。

步骤四：拖动至目标位置松开左键，即将文本复制到此位置。

注意：如果按鼠标右键拖动至目标位置时，则弹出快捷菜单，从中选择"复制到此位置"就可以了。

五、查找与替换

在文字编辑中，经常要快速查找某些文字，或将整个文档中给定的文本替换掉，可以通过"编辑"菜单的"查找"或"替换"命令打开"查找和替换"对话框来实现。

（一）查找文本

1. 简单查找

操作步骤如下：

步骤一：单击"开始"菜单中的"查找"命令，编辑区左边弹出"导航"窗格，在此进行"搜索文档"的信息查找。如图 3-13 所示。

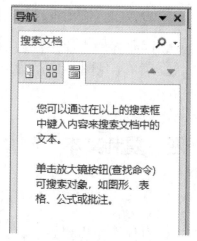

图 3-13　查找文本（一）

2. 高级查找

在"导航"窗格点击下拉菜单，选择"高级查找"选项，找到"高级查找"选项，打开"查找和替换"对话框；或点击"开始"菜单中的"查找"——"高级查找"命令。如图 3-14 所示。

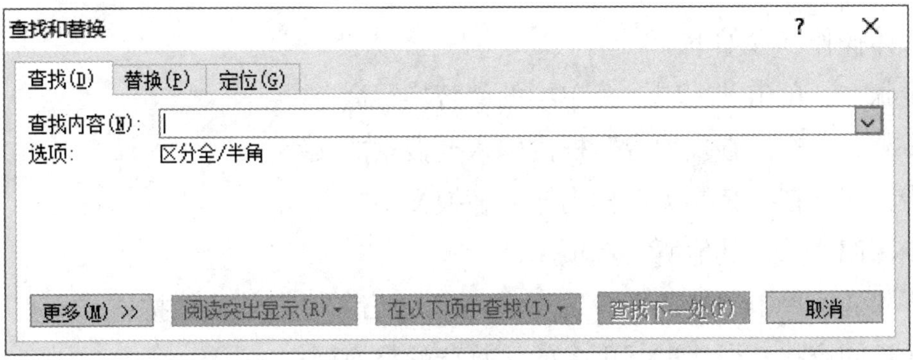

图 3-14　查找文本（二）

步骤二：在"查找内容"框内键入要查找的文字。

步骤三：选择其他所需选项。

步骤四：单击"查找下一处"。

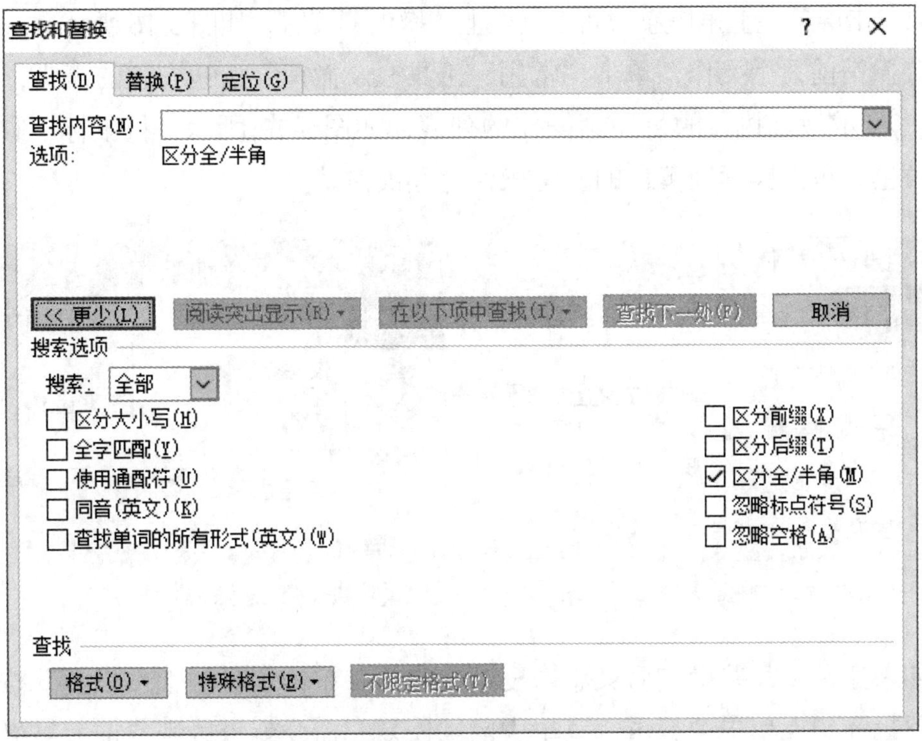

图 3-15　查找文本（三）

3. 复杂查找

在上一项基础上，点击图 3-14 中"更多"，打开搜索选项，以及"格式""特殊格式"。如图 3-15 所示。

（二）替换文字

具体操作步骤如下。

步骤一：单击"编辑"菜单中的"替换"命令。

步骤二：在"查找内容"框内输入要搜索的文字。

步骤三：在"替换为"框内输入替换文字。

步骤四：选择其他所需选项。

步骤五：单击"查找下一处""替换"或者"全部替换"按钮。

注：同查找一样，进行更多的、复杂的替换操作。

六、撤销与恢复

在文档编辑过程中，可能会对某个对象做了错误的操作，这时可以利用 Word 2010 的"撤销"功能撤销这些操作。撤销上一个操作可以输入快捷键"Ctrl+Z"，也可以单击屏幕左上角快速访问工具栏上"撤销"按钮，如图 3-16 所示。

要撤销前几个操作，单击"常用"工具栏"撤销"按钮右边的箭头，Word 2010 将显示最近执行的可撤销操作的列表，如图 3-17 所示。将鼠标下移使其变为黄色，单击鼠标则黄色的所有操作全部被撤销。

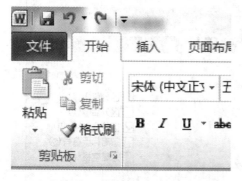
图 3-16　撤销与恢复（一）

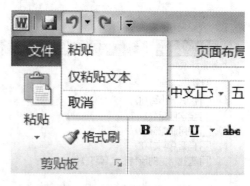
图 3-17　撤销与恢复（二）

如果撤销了某些操作后又想恢复这些操作，单击工具栏上"恢复"按钮右侧的下拉箭头或单击"编辑"菜单中的"恢复"命令就可以恢复前面被撤销的一个或几个操作。

?　练习题

一、选择题

1. 设置字符格式用哪种操作。（　　　）

A. "格式"工具栏中的相关图标

B. "常用"工具栏中的相关图标

C. "格式"菜单中的"字体"选项

D. "格式"菜单中的"段落"选项

2. 将插入点定位于句子"飞流直下三千尺"中的"直"与"下"之间，按一下 Del 键，则该句子（　　　）。

A. 变为"飞流下三千尺"　　　　　B. 变为"飞流直三千尺"

C. 整句被删除　　　　　　　　　D. 不变

3. 关于 Word 2010 的特点描述正确的是（　　　）。

A. 一定要通过使用"打印预览"才能看到打印出来的效果

B. 不能进行图文混排

C. 即点即输

D. 无法检查英文拼写及语法错误

二、填空题

1. 在 Word 中向前滚动一页，可用按下（　　　）键完成。

2. 当执行了误操作后，可以单击（　　　）按钮撤销当前操作，还可以从（　　　）列表中执行多次撤销或恢复多次撤销的操作。

3. 执行撤销操作，可以使用快捷键（　　　），也可以使用快速访问工具栏上的撤销按钮。恢复的快捷键是（　　　），也可以使用快速访问工具栏上的按钮来执行操作。

三、判断题

1. 如果需要对文本格式化，则必须先选择被格式化的文本，然后再对其进行操作。（　　　）

2. 使用 Delete 命令删除的图片，可以粘贴回来。（　　　）

四、实训操作

1. 打开素材"朱自清的《春》.docx"。

2. 复制第一段"盼望着，盼望着，……"到文档尾部。

3. 将第二段"一切都像刚睡醒的样子，……"移到第三段后。

4. 将全文所有的"着"替换为"这里"。

第三节

Word 2010 的文档格式设置

在文档中输入内容，经过编辑后，要使之成为图文并茂、赏心悦目的文章，还需要对其进行各种格式设置。如字符格式、段落格式、边框和底纹、添加项目符号和编号等。

一、设置字符格式

在 Word 2010 中字符可以是一个汉字、一个字母、一个数字或一个单独的符号，字符的格式设置包括字符的字体、字形和字号。此外还可以设置文字的颜色、边框、加下划线或着重号和改变字符间距等。可以用"字体"工具栏如图 3-18 中的工具按钮来设置文字的格式。

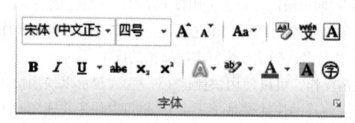

图 3-18　设置字符格式

Word 2010 中的字体格式由 Windows 系统字库决定，可以根据自身需求增减。

（一）设置字体、字形、字号和颜色

（1）用"字体"工具栏设置文字的格式，具体操作步骤如下：

首先选定要设置格式的文本。可以通过"字体""字号"下拉按钮，选择需要的字体、字号。见图 3-19，图 3-20。

宋体 (中文正
二号
Aa
A
B I U abc x₂ x²
A
字体

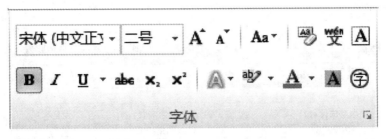

图 3-19　设置字体、字形、字号和颜色

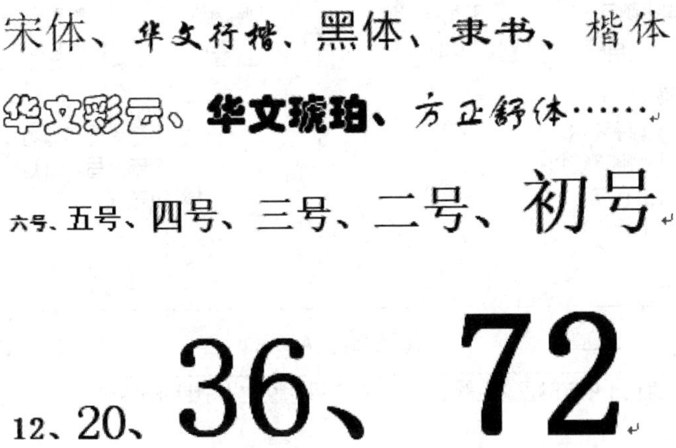

宋体、华文行楷、黑体、隶书、楷体、
华文彩云、华文琥珀、方正舒体……
六号、五号、四号、三号、二号、初号
12、20、36、72

图 3-20　设置字体、字号

可以从“文本效果”和“字体颜色”列表框中选择需要的样式和颜色（颜色分：主题颜色、标准色；文本效果格式有：字体轮廓、字体阴影、字体映像、字体发光设置等）。如果需要，可通过“加粗”“倾斜”“下划线”“拼音指南”“字符边框”“字符底纹”或“字符缩放”等按钮，给所选文字设置相应的格式。如图 3-21 所示。

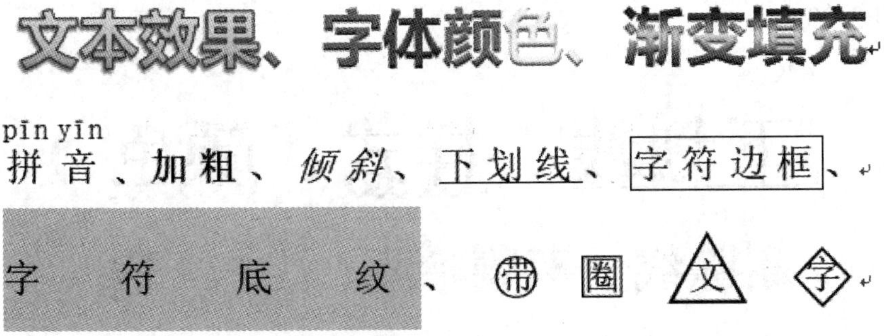

文本效果、字体颜色、渐变填充
pīn yīn
拼 音 、加 粗 、倾 斜 、下 划 线 、字 符 边 框 、
字　符　底　纹 、带 圈 文 字

图 3-21　设置字号、颜色

（2）用“字体”下拉菜单对话框中的“字体”可以对文字格式进行详细的

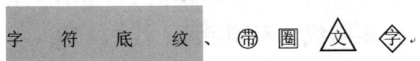

设置，见图 3-22。

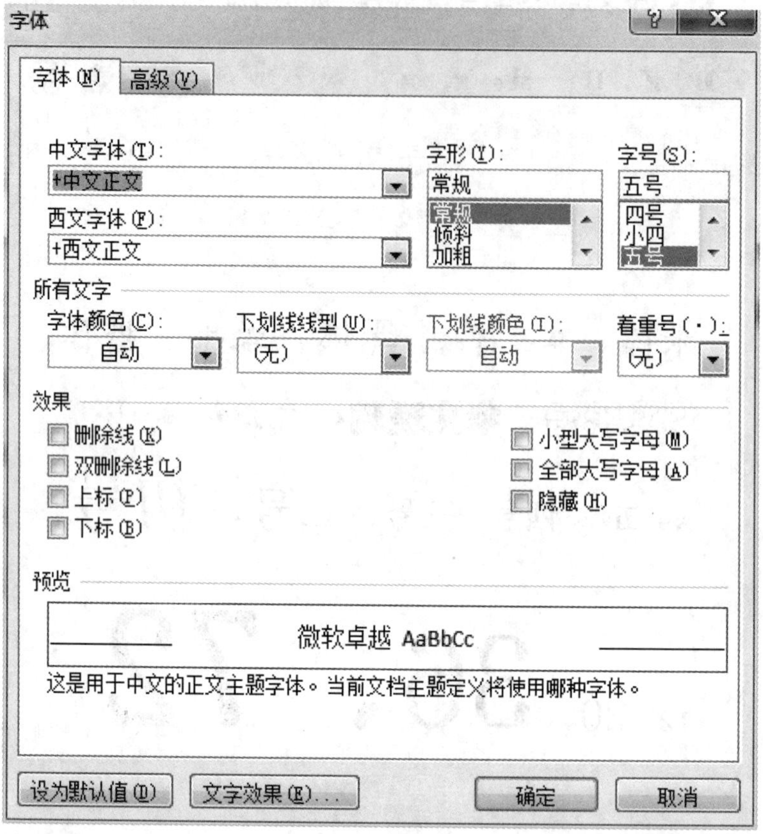

图 3-22　设置字体

选定要设置格式的文本后。可以通过"中文字体""西文字体"列表选定所需字体。在"字形"和"字号"列表框中可以选定所需的字形和字号。单击"字体颜色"列表框的下拉按钮，可以通过"颜色"列表选定所需的颜色。另外还可以为文字设置下划线样式，添加着重号、删除线、上标、下标、阴影等效果。见图 3-23。

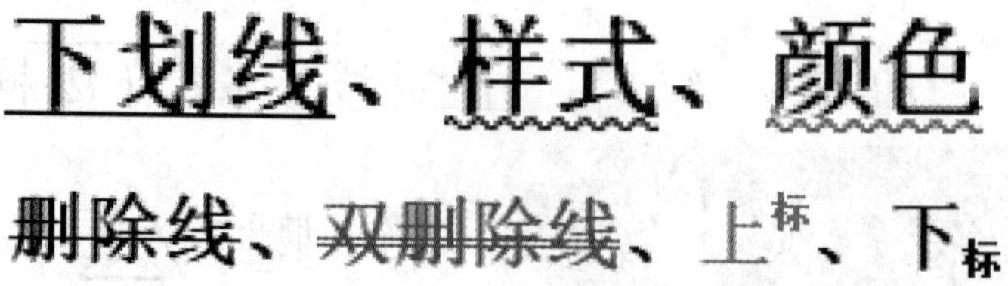

下划线、样式、颜色

删除线、双删除线、上标、下标

图 3-23　设置字体效果

注意：在"预览"框中查看所设置的字体，确认后单击"确定"按钮。

（二）改变字符间距

由于排版的原因，需要改变字符间距，具体操作如下：

① 选定要改变字符间距的文本。

② 单击"字体"下拉菜单，打开"字体"对话框，再选择"高级"选项卡，如图 3-24 所示。

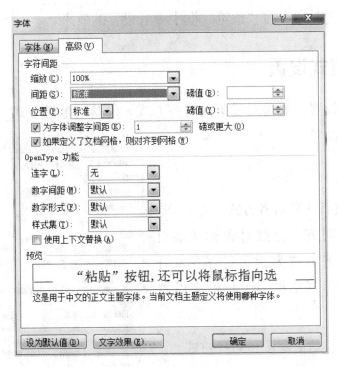

图 3-24　设置字符间距

③ 在"缩放"列表框中可选择缩放的百分比。如图 3-25 所示。

<h2 style="text-align:center">标准、 加宽200%、紧缩50%</h2>

图 3-25　字体缩放

④ "间距"列表框中有标准、加宽、紧缩三种间距。如选定"加宽"或"紧缩"时，则应在其右边"磅值"中填上具体的间距值。如图 3-26 所示。

<h2 style="text-align:center">标准间距、 加　宽　１５磅　、　紧缩磅</h2>

图 3-26　字体间距

⑤ 在"位置"列表框中有标准、提升或降低三种位置。选定"提升"或"降

低"时应在右边的"磅值"中填上具体的提升或降低的数值。如图 3-27 所示。

标准、 提升20磅 、 降低10磅 、 标准

图 3-27　字体位置

注意：设置时，可在"预览"框中查看设置的效果。

二、段落格式设置

段落格式设置主要是对段落的对齐方式、段落的缩进方式、段落之间的间距和行距进行设置。

（一）段落的对齐方式

Word 中共有 5 种对齐方式：左对齐、右对齐、居中对齐、分散对齐和两端对齐。默认的对齐方式为两端对齐。可分别使用"段落"对话框、工具栏来设置对齐方式。

1. 使用"段落"对话框设置对齐方式

选中需要设置对齐方式的段落后，单击菜单栏上的"格式"，在其下拉菜单中选"段落"命令，打开"段落"对话框，如图 3-28 所示。在"对齐方式"的列表选项里选择需要设置的对齐方式即可。

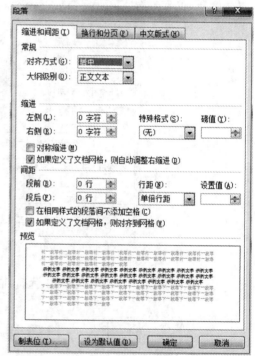

图 3-28　段落对齐方式（一）

2. 使用工具栏设置对齐方式

选定段落后，单击工具栏上相应的对齐方式的按钮 (如图 3-29 所示) 即可。

图 3-29　段落对齐方式（二）

（二）段落的缩进

有很多方法可以实现段落的缩进，主要有使用"段落"对话框设置缩进、使用"工具栏"设置缩进和使用"标尺"设置缩进这三种方法。

1. 使用段落对话框

选定需要设置缩进的段落后，打开"段落"对话框。

（1）设置左缩进　输入数值后，所选择的段落的左边会向右按相应的距离缩进。

（2）设置右缩进　输入数值后，所选择的段落的右边会向左按相应的距离缩进。

（3）特殊格式　在特殊格式列表中有两种特殊的缩进方式，"首行缩进"和"悬挂缩进"。首行缩进，就是段落的第一行向内缩进。悬挂缩进，就是除了段落的第一行，其余部分都向内缩进。

注意：设置缩进时的距离单位通常有字符、厘米、英寸等几种。

2. 使用工具栏设置缩进

选中需要设置的段落后，通过单击工具栏上的减少缩进量按钮，或者增加缩进量按钮，来实现对段落缩进的设置。

3. 使用标尺设置缩进

在标尺上可以看到 4 个标记，一个位于标尺的右端，另外三个分别位于标尺的左端。将鼠标移到这些标记上，会分别显示"右缩进""首行缩进""悬挂缩进"和"左缩进"的提示信息。鼠标指针指向其中之一按左键拖动则可改变各种缩进量。

（三）设置段落间距和行距

主要有两种方法设置段落间的间距和行距：一种是使用"段落"对话框；另一种是使用"格式"工具栏。

1. 使用段落对话框设置间距和行距

打开"段落"对话框。

（1）设置段前距离　设置所选各段落上方的间距量。

（2）设置段后距离　设置所选各段落下方的间距量。

（3）设置行距　设置行与行之间的距离。如果选择"最小值""固定值"

或"多倍行距",则可以在旁边的设置值处输入合适的数值。设置完后,单击"确定"按钮,执行设置的选项。如果单击"取消"按钮,则保留上一次执行的设置选项。

2. 使用"工具栏"设置行距

选中需要设置的段落后,通过单击工具栏上的行和段落间距按钮,来实现对段落行间距的设置。

三、项目符号与编号

为了能清楚地表示文章中的几个要点,理清顺序,我们经常要使用到项目符号与编号。单击菜单栏上"段落"菜单中的"项目符号库""编号库"命令,打开"项目符号库""编号库"对话框。你可以在这个对话框中设置项目符号、编号、多级符号或列表样式。

(一)设置项目符号

单击"项目符号库"下拉菜单,可选择合适的符号,如图 3-30 所示。

如果找不到合适的符号,也可通过"定义新项目符号"选择符号、图片、字体等,如图 3-31 所示。

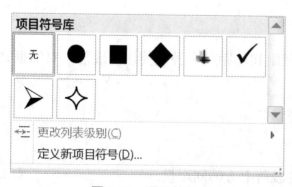

图 3-30　项目符号库

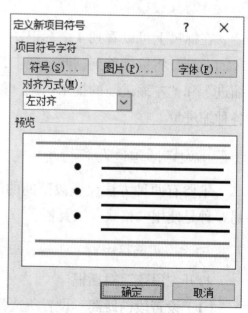

图 3-31　定义新项目符号

（二）设置编号

单击"编号库"下拉菜单，可选择合适的数字编号，如图 3-32 所示。

（三）设置多级符号

有时我们在写文档时需要将一个较大的问题分成若干个较小的问题来说明，为了清晰地表现这些问题，需要用到二级符号，甚至是三级符号。Word 提供设置多级符号的功能。单击"多级列表"下拉菜单，打开"列表库"对话框，如图 3-33 所示。

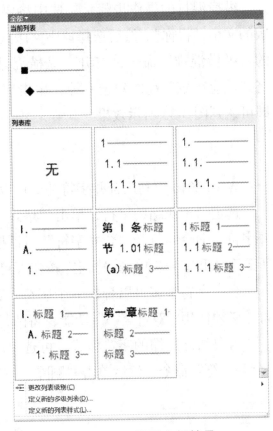

图 3-32　设置编号　　　　　　　　图 3-33　设置多级符号

四、中文版式

在 Word 2010 的"段落"菜单下有一个"中文版式"子菜单，如图 3-34 所示。其下有"纵横混排""合并字符"和"双行合一"等命令。熟悉这些命令并合理使用它们，能够制作出很多的特殊效果。

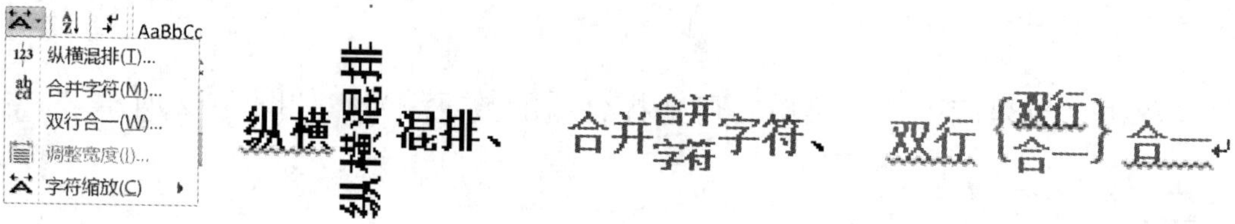

图 3-34　中文版式

（一）纵横混排

文档中采用纵横混排的形式，可以达到一种非常奇特的排版效果。

纵横混排的操作步骤是，选中将要进行纵向排版的文字"祝你"，然后选择"中文版式"子菜单中的"纵横混排"命令，打开"纵横混排"对话框。将"适应行宽"前的勾选去掉，单击"确定"按钮即可达到图 3-35 所示效果。

图 3-35　纵横混排

（二）合并字符

Word 2010 中利用合并字符功能可以将多个字符压缩组合到一起。

选定希望压缩的字符，单击"格式"菜单中"中文版式"子菜单中的"合并字符"命令。打开"合并字符"对话框。在"字体"和"字号"框中，设置所需字体和字号。单击"确定"按钮即可将选定的文字合并组合到一起。

合并字符最多可以合并 6 个字符。若要合并更多的字符，必须使用"双行全一"功能，将两行文字压缩为一行。

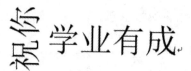

若要清除压缩的字符格式，可选定压缩的字符，单击"合并字符"命令，然后单击"删除"按钮。

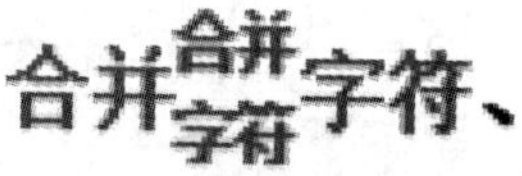

图 3-36　合并字符

（三）双行合一

将插入点置于希望插入"双行合一"文字的地方。选择"格式"菜单中"中文版式"子菜单中的"双行合一"命令。打开"双行合一"对话框，如图 3-37 所示。

在"文字"框中，输入需要进行双行合一操作的字符，输入的文字将显示在"预览"框中。若要自动输入包含双行合一文字的括号，可选中"带括号"复选框，然后在"括号样式"框中选择所需括号。

图 3-37　双行合一

注意：若要删除已显示为双行合一格式的文字，选定该文字并按 <Delete>
键。若要清除"双行合一"格式并将其转换为普通文字，选定显示为双行合一
格式的文字，然后单击"双行合一"对话框中的"删除"按钮。

五、给文本添加边框和底纹

利用"段落"下拉菜单中的"边框和底纹"命令按钮，会得到更多效果，
如图 3-38 所示。

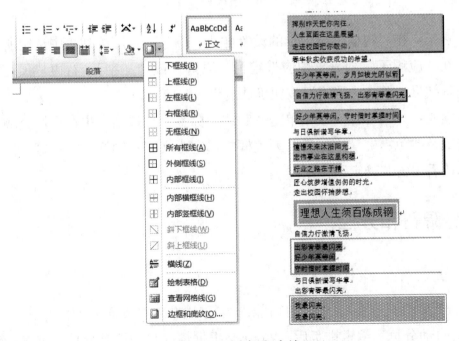

图 3-38　边框和底纹

具体操作步骤如下 。

步骤一：选定要加边框和底纹的文本。

步骤二：单击"段落"菜单中的"边框和底纹"命令按钮，打开如图 3-39 所示的"边框和底纹"对话框。

图 3-39　边框和底纹

步骤三：在"边框"选项卡的设置样式、颜色、宽度等列表中选定所需的参数。在"应用于"列表框中应选定为"段落"或"文字"。右边"预览"框中可查看结果，单击"确定"按钮确认退出。

步骤四：如果要加底纹则单击"底纹"标签，在选项卡中选择填充颜色和图案样式及颜色；在"应用于"列表框中选定为文字；同样在"预览"框中查看，确认后单击"确定"按钮。

六、分隔符和分栏

（一）分页

Word 2010 具有自动分页的功能，当输入的文本或插入的图形满一页时 Word 会自动分页。编辑排版后，Word 会根据情况自动调整分页的位置。有时为了将文档的某一部分内容单独形成一页，可以插入分页符进行人工分页。插入分页符的步骤如下。

步骤一：将插入点移到新的一页的开始位置。

步骤二：单击"页面布局"菜单中的"分隔符"命令，打开"分隔符"对话框，如图 3-40 所示。在其中选定"分页符"选项，并单击"确定"按钮。

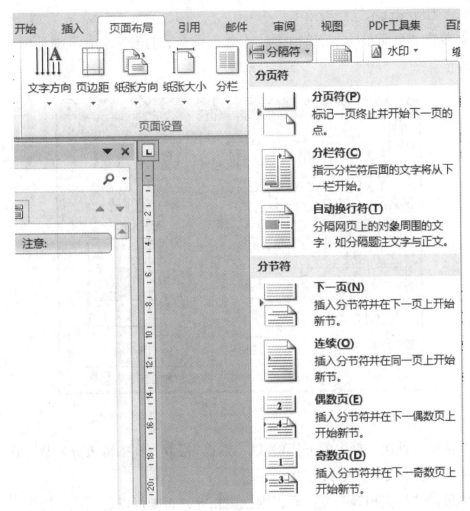

图 3-40　分隔符

（二）分节

在文档中插入分节符的方法是：将光标移到需插入分节符处，单击"分隔符"，再在分隔符对话框上选定需插入的分节符，然后单击确定。

注意：如果在奇数页上插入奇数页分节符，Word 会将下一页（偶数页）留为空白页，且不在视图上显示。在偶数页上插入偶数页分节符，将出现类似情况。

（三）分栏

分栏排版使版面显得更为生动、活泼，增强可读性。Word 提供了分栏功能。进行分栏的操作如下：

① 如要对整个文档分栏，可将插入点置于文本的任意位置；如要对部分段落分栏，则应先选定这些段落。

② 单击"页面布局"菜单中的"分栏"命令，打开"分栏"对话框，如图 3-41 所示。

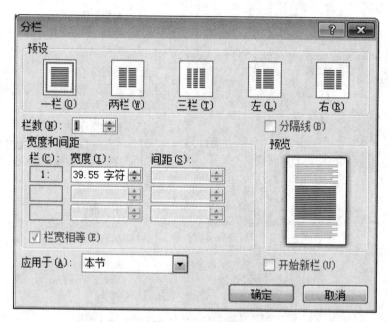

图 3-41　分栏

③ 选定"预设"框中的分栏格式，或在"栏数"框中键入分栏数，在"宽度和间距"框中设置栏宽和间距。

④ 单击"栏宽相等"复选框，则栏宽相等，否则可以逐栏设置宽度。

⑤ 单击"分隔线"复选框，可以在各栏之间加一分隔线。

⑥ 应用范围有"整个文档""插入点之后""选定文本"等，根据具体情况选定后，单击"确定"按钮。

七、格式刷

复制一部分文字格式刷在另外的文字上，使其具有相同的格式，如图 3-42 所示。操作步骤如下：

图 3-42　格式刷

步骤一：选定已设置格式的文本。

步骤二：单击"剪切板"工具栏中的"格式刷"按钮，此时鼠标指针变为刷子形。

步骤三：将鼠标指针移到要复制格式的文本开始处。

步骤四：拖动鼠标直到要复制格式的文本结束处，放开鼠标左键就完成格式的复制。

注意：上述方法只能复制一次。如想多次使用则应双击格式刷，复制后再单击格式刷即可取消此功能。

 练习题

一、选择题

1. 在 Word 中，对表格添加边框应执行（　　　）操作。

A. "格式"菜单中"边框和底纹"对话框中的"边框"标签项

B. "表格"菜单中"边框和底纹"对话框中的"边框"标签项

C. "工具"菜单中"边框和底纹"对话框中的"边框"标签项

D. "插入"菜单中"边框和底纹"对话框中的"边框"标签项

2. 在 Word 中，调整文本行间距应选取（　　　）。

A. "格式"菜单中"字体"中的行距

B. "插入"菜单中"段落"中的行距

C. "视图"菜单中的"标尺"

D. "格式"菜单中"段落"中的行距

3. 在 Word 中要使用段落插入书签应执行（　　　）操作。

A. "插入"菜单中的"书签"命令

B. "格式"菜单中的"书签"命令

C. "工具"菜单中的"书签"命令

D. "视图"菜单中的"书签"命令

二、填空题

1. 段落格式主要包括段落对齐、段落缩进、行距、段间距和段落的修饰等。当需要对某一段落进行格式设置时，首先要（　　　）该段落，或者将插入（　　　）放在该段落中，然后开始对此段落进行格式设置。

2. 在 Word 中向前滚动一页，可用按下（　　　）键完成。

3. 将文档分成左右两个版面的功能叫做（　　　），将段落的第一字放大显示的是（　　　）功能。

4. 每段首行首字距页左边界的距离称为（　　　），而从第二行开始，相对于第一行左侧的偏移量称为（　　　）。

三、判断题

1. 对当前文档的分栏最多可分为三栏。（　　　）

2. 点击一次格式刷可以复制一个位置的格式，双击格式刷想复制几次格式都可以。（　　　）

四、实训操作

对任意文档，尝试：标题居中对齐、首行缩进、行间距调整、纵横混排、双行合一、横线底纹、阴影边框、分隔线等操作。

第四节

Word 2010 的视图模式

所谓视图模式指的是显示文档的方式。通过选择不同的显示方式，使得文档更加容易排版、编辑。Word 2010 提供了几种不同的视图模式。改变视图模式并不影响文档本身。见图 3-43。

图 3-43　视图模式

一、页面视图模式

页面视图是 Word 2010 默认的视图模式，初次进入 Word 2010 时看到的就是页面视图。页面视图可以直接按照用户设置的页面大小进行显示，即显示文档打印的外观。它能显示页眉页脚、图文框等的正确位置。在这个视图下进行文档编辑是所见即所得。它显示的效果与实际的打印效果一样。

单击界面右下角的页面视图按钮，即可切换到页面视图模式，或者单击菜单栏上"视图"菜单中的"页面视图"命令，进入页面视图模式，如图 3-44 所示。页面视图最适合于在进行图形对象操作以及一些其他附加内容操作时使用。在页面视图下，可以很方便地进行如插入图片、文本框、图文框、图表、媒体剪辑和视频剪辑等操作。页面视图还能起预览文档的功能。

图 3-44　页面视图模式

二、阅读版式视图

如果打开文档只是为了进行阅读，阅读版式视图将优化阅读体验。单击界面右下角的阅读版式视图按钮，即可切换到阅读版式视图模式，或者单击菜单栏上"视图"菜单中的"阅读版式"命令，进入阅读版式模式。

阅读版式视图会隐藏除"视图选项""翻译""突出颜色"和"批注"工具栏以外的所有工具栏。在阅读版式视图下可以方便地增大或减小文本显示区域的尺寸，而不会影响文档中的字体大小。

阅读版式视图中显示的页面设计是为了适合屏幕阅读；这些页面不代表在打印文档时所看到的页面。如果要查看文档在打印页面上的显示，而不切换到页面视图，只要单击"视图选项"工具栏上的"显示打印页"即可，如图 3-45 所示。

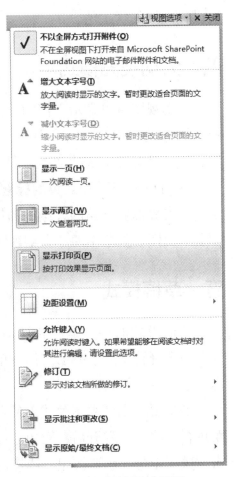

图 3-45　阅读版式视图

如要停止阅读文档，单击"关闭"按钮或按 Esc，可以从阅读版式视图切换回来。

三、Web 版式视图模式

Web 版式视图是 Word 2010 几种视图方式中唯一一种按窗口大小进行折行显示的视图方式（其他都是按页面大小进行显示的），主要用于 HTML 文档的编辑。在该模式下编辑的文档，可以比较准确地模拟它在网页浏览中的实际效果。单击界面右下角的 Web 版式视图按钮，即可切换到 Web 版式视图模式，或者单击菜单栏上"视图"菜单中的"Web 版式"命令，进入 Web 版式视图模式。

在 Web 视图下，文档会自动换行来适应窗口的大小。它不会显示分页符，所有的内容都显示在同一张页面中。它可以显示任何版式的图片，但只有当插入的图片为嵌入式时才可以设置图片的排版方式。使用 Web 视图模式，还可以设置文档的背景色。

四、大纲视图模式

大纲视图可以显示文档的层次结构，突出了文档的主干结构，如一篇文章的各级标题、一本书的章节目录等，使用户清晰地看到文档的概况。对于有章、节、标题等层次的文档，用大纲视图不但可以看到它的结构，还可以折叠文档使用户只查看到某级的标题，或者扩展文档，使用户可以查看到整个文档。单击界面右下角的大纲视图按钮，即可进入大纲视图模式，或者单击菜单栏上"视图"菜单中的"大纲视图"命令，进入大纲视图模式。

五、草稿模式

草稿模式的特点是可获得最大编辑空间。它隐藏了所有的工具栏、状态栏，整个屏幕全用于显示文件。单击菜单栏上"视图"菜单中的"草稿"命令，即可进入草稿模式。

如果要在全屏视图模式下使用菜单栏，将鼠标移至屏幕的顶端，即可显示菜单栏。将鼠标移开后，菜单栏会自动隐藏。想要退出全屏视图模式，只需单击"关闭全屏显示"按钮，或按键盘上的 <Esc> 键即可。

练习题

一、选择题

能显示页眉和页脚的方式是（　　　）。

A. 普通视图　B. 页面视图　C. 大纲视图　D. 全屏幕视图

二、填空题

Word 2010 提供了（　　　）、（　　　）、（　　　）、（　　　）、（　　　）
等多种视图方式。

第五节
Word 2010 的表格

在进行文字处理时经常要用到表格，恰当地使用表格可以使文
档的结构更加严谨。

Word 2010 具有很强的表格制作和处理功能，利用它可以制作日
常工作和生活中用到的各种表格。

Word 2010
制表与编辑

一、表格的制作

（一）制作简单的表格

1. 利用"插入"菜单下的"表格"按钮制作表格

步骤一：将插入点置于要插入表格的位置。

步骤二：单击工具栏中"插入表格"按钮，出现如图 3-46 所
示的表格模式。

步骤三：拖动鼠标，选定所需的行数和列数。放开鼠标后就在
插入点插入一个表格。

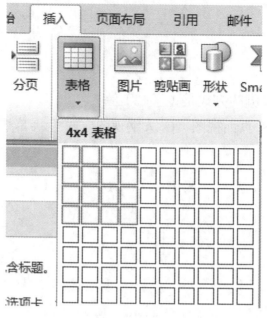

图 3-46　插入表格

2. 利用插入表格命令制作表格

步骤一：将插入点置于要插入表格的位置。

步骤二：单击"插入"菜单下的"表格"下拉菜单，打开如图 3-47 所示的"插入表格"对话框。

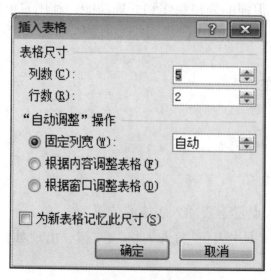

图 3-47　插入表格

步骤三：在"行数"和"列数"框中分别键入表格的行数和列数。

步骤四：单击"确定"按钮即可在插入点处插入一个表格。

3. 文本转换成表格

有些用户习惯于在输入文本时将表格的内容同时输入，并利用设置制表位将各行内容上、下对齐。然后再利用 Word 2010 的转换功能将表格文本转换成表格。将文本转换成表格的步骤如下。

步骤一：选定用制表符分隔的表格文本。如图 3-48 所示。

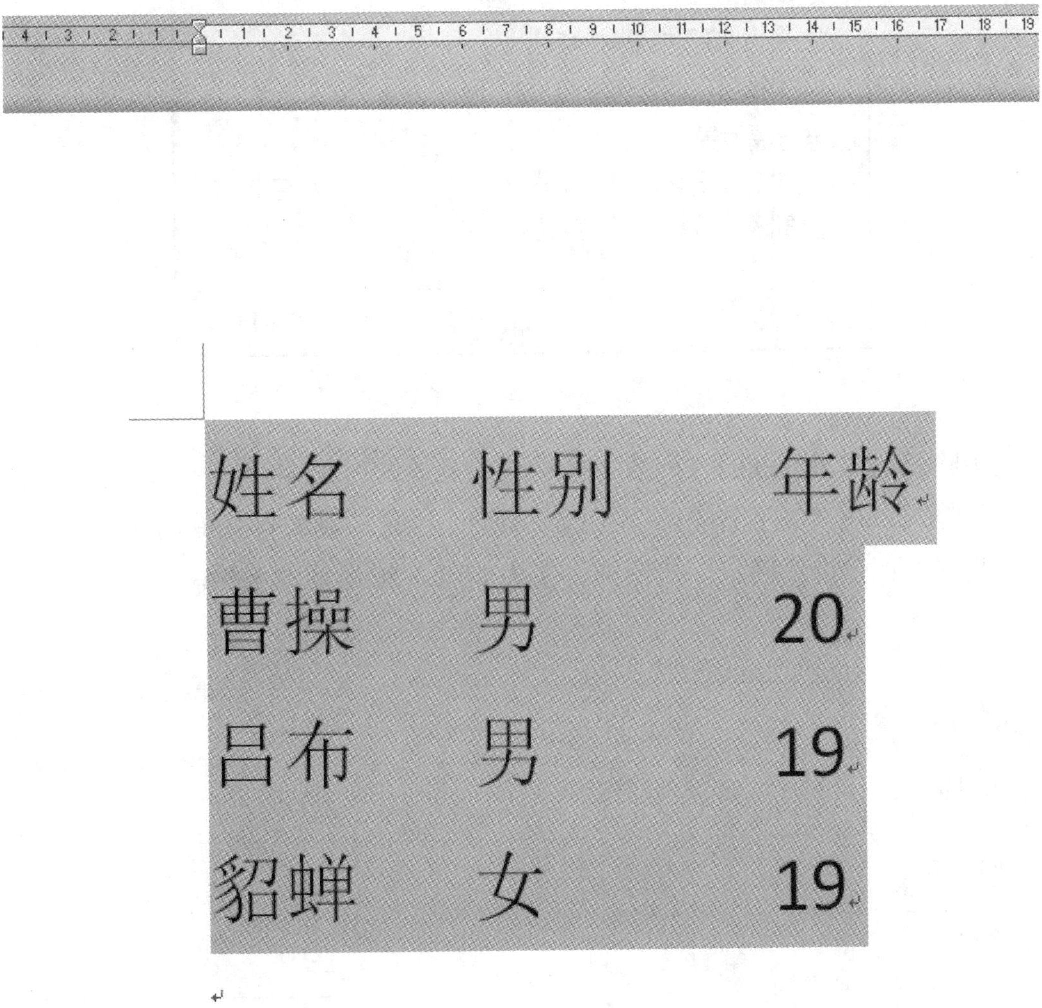

图 3-48　表格和文本之间的转换（一）

步骤二：单击"表格"下拉菜单中"将文字转换成表格"，打开"将文字转换成表格"对话框，如图 3-49 所示。

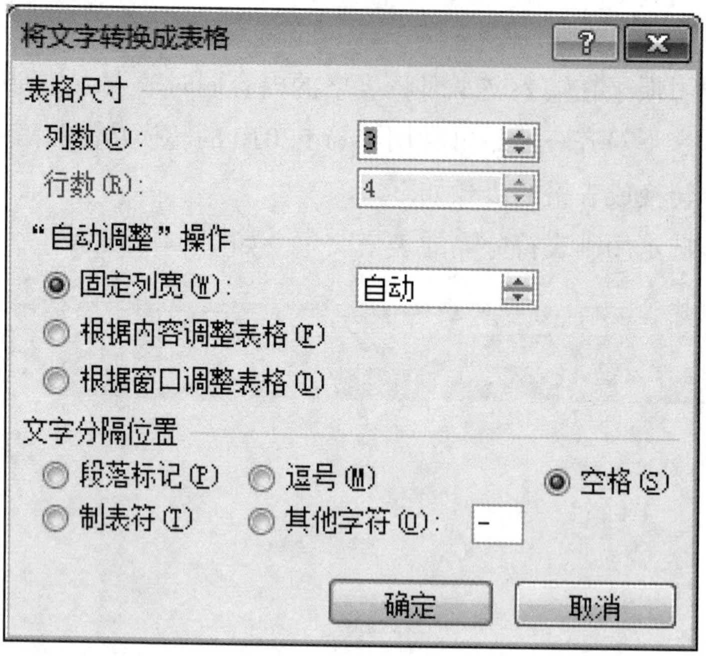

将文字转换成表格

表格尺寸
列数(C)：　3
行数(R)：　4

"自动调整"操作
◉ 固定列宽(W)：　自动
◎ 根据内容调整表格(F)
◎ 根据窗口调整表格(D)

文字分隔位置
◎ 段落标记(P)　　◎ 逗号(M)　　　　◉ 空格(S)
◎ 制表符(T)　　　◎ 其他字符(O)：　-

确定　　　取消

图 3-49　表格和文本之间的转换（二）

步骤三：在对话框的"列数"框中输入具体的列数。

步骤四：在"文字分隔位置"选项组中，选定"制表符"单选项。

步骤五：单击"确定"按钮即转换为如图 3-50 所示的表格。

姓名	性别	年龄
曹操	男	20
吕布	男	19
貂蝉	女	19

图 3-50　表格和文本之间的转换（三）

注意：从"将文字转换成表格"对话框中"文字分隔位置"选项组中可以看到，表格和文本各列之间除了用"制表符"分隔外，还可以使用"逗号""空格"或其他指定的字符来分隔。反之，对选定的表格，单击"表格"菜单中的"转换"命令，从弹出的子菜单中选"表格转换成文字"可将表格转换成文本，分隔符可由用户指定。

（二）制作复杂的表格

复杂的表格除了横线、竖线外还有斜线，Word 2010 提供了绘制这种不规则表格的功能。方法如下：

单击"表格"下拉菜单中的"绘制表格"命令或者"段落"工具栏中的"表格和边框"按钮，鼠标指针会变成一个铅笔形状。拖动鼠标的笔形指针，可以在表格中绘制水平或垂直线，也可以将鼠标指针移到单元格的一角向其对角画斜线，如图 3-51 所示。

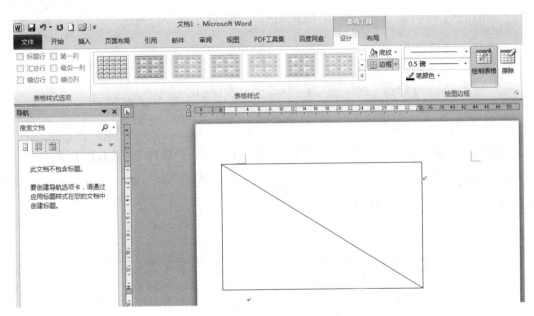

图 3-51　制作复杂的表格

利用擦除按钮使鼠标指针变成橡皮形，用橡皮形鼠标指针点击要擦除的线条可擦除该线段。

二、表格的编辑和修饰

当表格制作好后，就可以在表格中录入字符，在表格中插入行、列，移动和复制单元格、行和列等。

（一）在表格中移动光标和录入字符

可以通过鼠标单击移动光标到需要录入的单元格，也可以用键盘移动光标，如表 3-2 所示。

表3-2　表格的编辑和修饰

按钮	光标移动	按钮	光标移动
↑或↓	移至上一行或下一行	Alt+ End	移至本行最后一个单元格
Tab	移至下一单元格	Alt+ PageUp	移到本列第一个单元格
Shift+ Tab	移至前一单元格	Alt+ PageDown	移到本列最后一个单元格
Alt+ Home	移至本行第一个单元格	Enter	在本单元格中另起一个段落

光标移动到一个单元格里，就可以在其中录入字符了，当字符超过单元格时，表格的行高就会自动调整，以便让字符都能放在单元格内。

（二）选定表格

要对表格进行修改，必先选定要修改的表格部分。

1. 选定表格的行和列

方法一：将插入点放在要选定行或列的任一单元格中，单击鼠标右键，选择菜单中的"选择"命令，在弹出的子菜单中单击"行"或"列"，此行或列即被选定，变成蓝色，如图 3-52 所示。

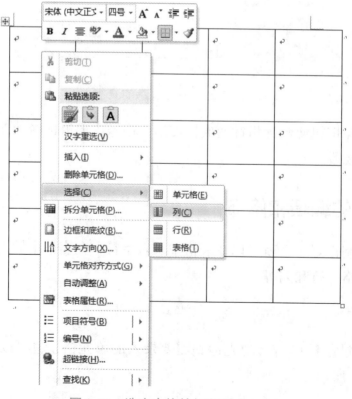

图 3-52　选定表格的行和列（一）

方法二：拖动鼠标左键进行选择，鼠标经过处的表格即为选定表格。

方法三：将鼠标移到该列的边界，当鼠标指针变成实心向下指的箭头时，单击鼠标左键就选定了这一列，如果拖动鼠标则可选定多列，如图 3-53 所示。

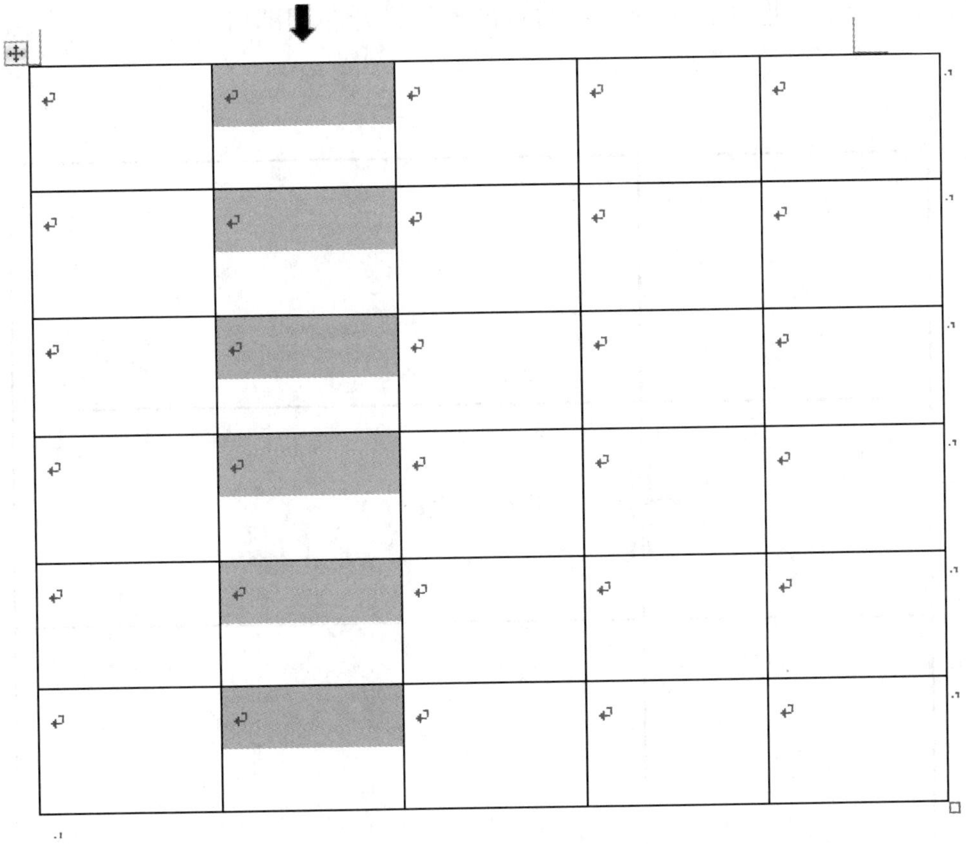

图 3-53　选定表格的行和列（二）

2. 选定单元格和整个表格

方法一：将插入点放到要选定的单元格，单击"表格"菜单中的"选择"命令，在弹出的子菜单中单击"单元格"，此单元格即被选定，变成蓝色。如果单击"表格"，则选定整个表格。

方法二：将鼠标指针移到要选定的单元格左侧，当其指针变成实心向右上指箭头时，单击鼠标就选定此单元格。将鼠标指针指向表格，表格左上角出现一个十字箭头图标，单击它即选定整个表格。

（三）行高和列宽的调整

一般情况下 Word 2010 能根据单元格中输入内容的多少自动调整行高，但也可以根据需要进行调整。调整行高和列宽的方法类似。下面以调整列宽为例介绍具体的操作方法。

方法一：拖动鼠标调整表格的列宽。将鼠标指针移到表格的列边界线上，当鼠标指针变成调整列宽指针时，按住鼠标左键，此时出现一条竖直的虚线，如图 3-54 所示。拖动鼠标到所需的新位置，松开左键即可。

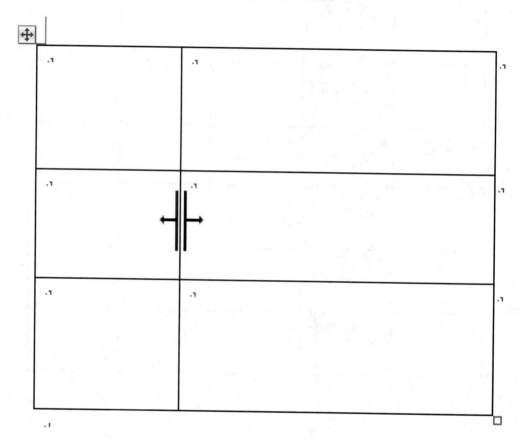

图 3-54　行高和列宽的调整（一）

方法二：用菜单命令改变列宽 。

① 选定要修改列宽的一列或数列。

② 单击"表格"菜单中的"表格属性"命令，打开"表格属性"对话框，如图 3-55 所示。

③ 单击"列"选项卡，单击"指定宽度"复选框，选定"列宽单位"，输入列宽数值后单击"确定"按钮即可。

注意："前一列"或"后一列"按钮可以在不关闭对话框的情况下设置相邻列的列宽。

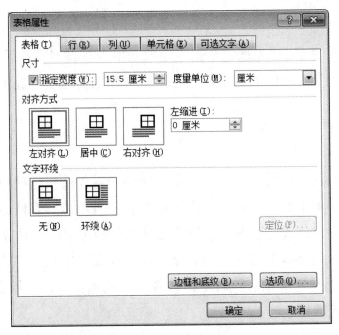

图 3-55　行高和列宽的调整（二）

（四）插入行、列和单元格

　　首先选定单元格、行或列，点击鼠标右键再执行菜单中的"插入"命令，如图 3-56 所示。当要插入多行或多列时，只要同时选定同插入行或列数相同的行、列数，一次就可完成所需的操作。

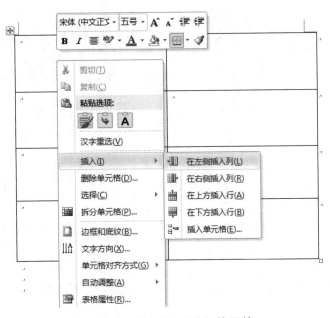

图 3-56　插入行、列和单元格

（五）删除行、列和单元格

删除较为方便，同样先选定要删除的单元格、行或列，然后再执行"表格"下拉菜单"删除"中相应的命令。当删除单元格时 Word 会提示现有单元格如何移动。

（六）合并和拆分单元格

若将相邻的几个单元格合并成一个单元格，首先选定这些单元格，点击鼠标右键再执行菜单中的"合并单元格"命令，或者单击"表格边框"工具栏中的竖线或横线按钮，就可以取消这些单元格之间的边框线合并成一个单元格。

若将一个单元格拆分成几个单元格，首先选定该单元格，点击鼠标右键再执行菜单中的"拆分单元格"命令，或者使用前面提到的"绘制表格"工具，绘制需要的格式数量。

（七）表格标题行的重复

当一张表格超过一页时，我们通常希望在第二页的续表中也包括表格的标题行。Word 2010 提供的重复标题的功能，步骤如下。

步骤一：选定第一页表格中的一行或多行。

步骤二：单击"表格工具"下拉菜单中的"重复标题行"命令，如图 3-57 所示。

这样 Word 会在因分页而拆开的续表中重复表格中的标题行。

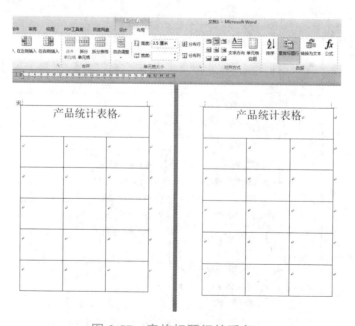

图 3-57　表格标题行的重复

（八）表格格式的设置

1. 表格边框和底纹的设置

具体操作步骤如下。

步骤一：选定要设置边框和底纹的表格部分。

步骤二：单击"段落"工具栏中的"绘制表格"按钮，打开"边框和底纹"工具栏。

步骤三：从"样式"列表中选定线型，在"宽度"下拉列表框中指定粗细，在"颜色"列表框中选定颜色。

步骤四：单击"底纹"按钮，打开底纹颜色列表，选择所需的底纹颜色。

2. 快速表格

具体操作步骤如下。

步骤一：单击"表格"下拉菜单中的"快速表格"命令，打开"快速表格"对话框，如图 3-58 所示。

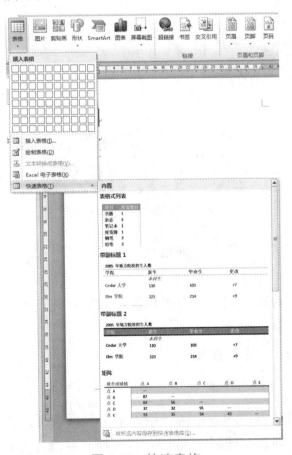

图 3-58　快速表格

步骤二：在"内置"中选用一种样式，"快速表格"也可以储存制作过的表格，从而丰富自己的快速表格库。

3. 设置表格在页面中的位置

具体操作步骤如下。

步骤一：单击"表格"菜单中的"表格属性"命令，打开"表格属性"对话框，再单击"表格"标签，如图 3-59 所示。

图 3-59　设置表格在页面中的位置

步骤二：在"尺寸"项下，如选择"指定宽度"复选框，则可设置具体的表格宽度。

步骤三：在"对齐方式"项下可以设置表格对齐方式，在"文字环绕"项下可以选择有无环绕。

步骤四：单击"确定"按钮。

4. 表格中文本对齐方式的设置

选定要设置对齐方式的表格区域后，单击鼠标右键，选择菜单中的"单元格对齐方式"下拉列表，如图 3-60 所示，选择 9 种对齐方式中的一种。

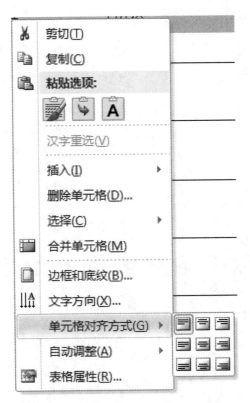

图 3-60　表格中文本对齐方式的设置

三、表格内数据的排序和计算

Word 2010 还能对表格中的数据进行简单的排序和计算。

（一）排序

表格的排序分为简单排序和复杂排序。对于简单排序，如果表格列中的内容是纯中文，默认按笔画顺序排序；如果表格中的内容是中文、英文和数字相混合的，默认的排序顺序是数字、英文、中文。复杂排序灵活多变，适用面广，实用性强，简单排序简单易行，但实用性差。

1. 简单排序

将光标置于表格中要排序的列中，单击"表格和边框"工具栏中的↑或↓按钮。

2. 复杂排序

具体操作步骤如下。

步骤一：将光标置于要排序的表格中。

步骤二：选择"表格工具"菜单中的"排序"命令，打开"排序"对话框。如图 3-61、图 3-62 所示。

图 3-61　表格内数据的排序（一）

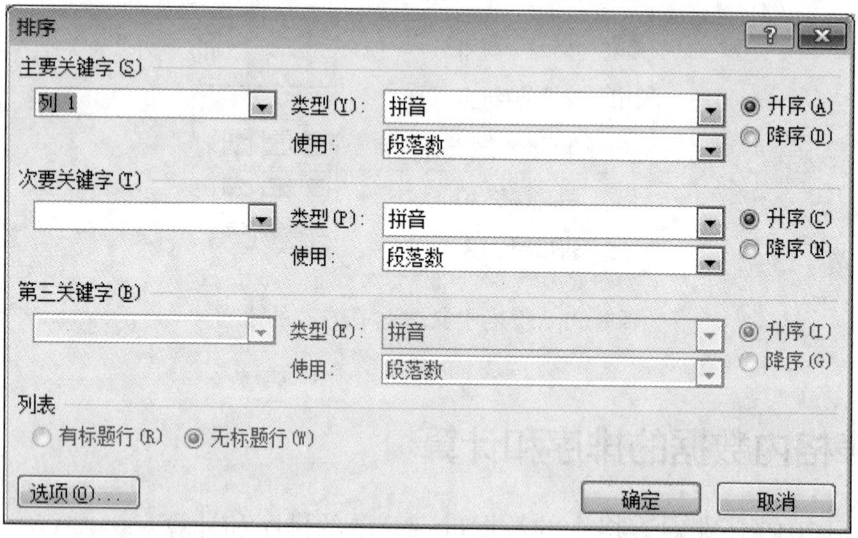

图 3-62　表格内数据的排序（二）

步骤三：在"主要关键字""次要关键字"和"第三关键字"中依次选定排序列。

步骤四："列表"栏中选"有标题行"。

步骤五：单击"确定"按钮。

（二）计算

Word 2010 可以对表格中的数据进行计算，它提供了一些在实际运算中经常用到的函数。

1. 常用的函数

AVERAGE（ ）——求平均值函数；SUM（ ）——求和函数；CONT（ ）——计数函数；MAX（ ）——求最大值函数。

2. 表格中数据的计算

例如在表 3-3 中求各位同学的总成绩：

表3-3　成绩单

姓名	计算机	思政	数学	总成绩
曹操	80	85	78	
孙权	91	89	88	

具体操作步骤如下。

步骤一：将光标移到存放数据的单元格，如欲求"曹操"的总成绩则将光标置于"E2"单元格内。

步骤二：单击"表格"菜单中的"公式"命令，弹出如图 3-63 所示的对话框。

步骤三：在公式框中输入公式例如"=SUM(LEFT)"（表示对当前单元格左边单元格求和）。

步骤四：单击"确定"。

图 3-63　表格中数据的计算

？ 练习题

一、选择题

1. 要删除单元格正确的是（　　　）。

A. 选中要删除的单元格，按 Del 键

B. 选中要删除的单元格，按剪切按钮

C. 选中要删除的单元格，使用 Shift+Del

D. 选中要删除的单元格，使用右键的"删除单元格"

2. 在 Word 中要删除表格中的某单元格，应执行（　　　）操作。

A. 选定所要删除的单元格，选择"表格"菜单中的"删除单元格"命令

B. 选定所要删除的单元格所在的列，选择"表格"菜单中的"删除行"命令

C. 选定所要删除的单元格所在的列，选择"表格"菜单中的"删除列"命令

D. 选定所要删除的单元格，选择"表格"菜单中的"单元格高度和宽度"命令

3. 在 Word 中，将表格数据排序应执行（　　　）操作。

A. "表格"菜单中的"排序"命令

B. "工具"菜单中的"排序"命令

C. "表格"菜单中的"公式"命令

D. "工具"菜单中的"公式"命令

4. 在 Word 中若要删除表格中的某单元格所在行，则应选择"删除单元格"对话框中（　　　）。

A. 右侧单元格左移　　　　　　B. 下方单元格上移

C. 整行删除　　　　　　　　　D. 整列删除

5. 在 Word 中要对某一单元格进行拆分，应执行（　　　）操作。

A. "插入"菜单中的"拆分单元格"命令

B. "格式"菜单中的"拆分单元格"命令

C. "工具"菜单中的"拆分单元格"命令

D. "表格"菜单中的"拆分单元格"命令

二、填空题

1. 在表格中将一列数字相加，可使用自动求和按钮，其他类型的计算可使用表格菜单下的（　　　）命令。

2. Word 表格由若干行、若干列组成，行和列交叉的地方称为（　　　）。

3. 在 Word 中执行表格菜单下的插入（　　　）命令，可建立一个规则的表格。

三、判断题

1. 在 Word 中执行插入表格操作时，可以调整每行和列的宽度和高度，但不能修改表格线。（　　　）

2. 在 Word 中可以使用在最后一行的行末按下 Tab 键的方式在表格末添加一行。（　　　）

四、实训操作

1.参看表 3-4 简历格式，利用 Word 2010 制作一页个人的表格式简历。

表3-4

曹操简历信息表

个人资料

姓名	曹操	性别	男	出生日期	1996 年	
民族	汉	籍贯	沛国谯县	身高	1.6 米	
学历	大专	专业	计算机应用	体重	120 斤	
身份证	41030019967180×××			婚姻状况	未婚	
户口所在地	许昌市思故台			联系电话	18888888888	

求职意向

期望职位	网页设计师	第二选择	网络维护
期望薪资	3000～5000 元	到岗日期	随时到岗

工作经历

起止时间	工作单位	职位	证明人	离职原因
2018～2020	汉朝科技公司	网络维护	刘备	公司倒闭

教育背景

起止时间	学校名称	专业	学位或证书
2016～2018	汉朝职业学院	计算机应用	合格毕业

家庭情况

姓名	关系	工作单位	职务	联系电话
曹嵩	父亲	汉朝科技公司	项目经理	16666666666
邹氏	母亲	无	无	16666688888

2.根据数据素材制作表格，利用公式计算"总计"值。数据素材如下：

标题：全国第四次大熊猫调查四川省五州市野生大熊猫分布及数量统计情况

绵阳市（418 只）、阿坝藏族自治州（348 只）、雅安市（340 只）、乐山市（76 只）、成都市（73 只）。

第六节
Word 2010 的图形处理

　　一篇优秀的电子文档，除了有严谨流畅的文字编辑外，还需要适当的图片点缀，使其达到图文并茂。电子文档编辑的过程中，除了对文本的格式进行设置外，还需要对文档中的图片进行编排。下面我们就来介绍一下如何进行图片和文字的混合排版。

一、插入图片

　　在文档中插入一个或者几个与文章内容相关的图片，会使文章看上去更吸引人，更容易让读者明白文章所要表达的含义。插入图片的方法主要有以下两种。

（一）插入来自文件的图片

　　首先，将光标移至需要插入图片的位置后，选择菜单栏上"插入"菜单中"图片"命令的"来自文件"选项，打开"插入图片"对话框，如图 3-64 所示。然后，在文件列表中选择好合适的图片文件后，单击"插入"按钮就可以了。

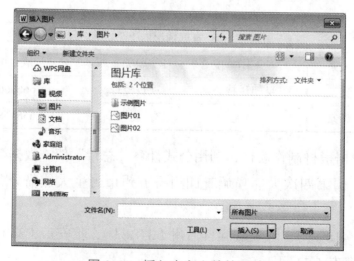

图 3-64　插入来自文件的图片

（二）系统复制粘贴

操作步骤如下。

步骤一：在软件外部鼠标右键点击需要插入的图片，选择复制选项或者使用快捷键 <Ctrl+C>。

步骤二：回到 Word 2010，将光标移到要插入剪贴画的位置，使用快捷键 <Ctrl+V>，即可完成图片插入操作。

（三）插入剪贴画

操作步骤如下。

步骤一：将光标移到要插入剪贴画的位置。

步骤二：单击"插入"菜单的"剪贴画"按钮，如图 3-65 所示。可以调用软件中剪辑管理器中的图片。

图 3-65　插入剪贴画

二、编辑图片

在文档中插入图片后，可能发现图片的大小对于文档来说太大了，或是太小了，这时就要对图片的大小进行调整。下面我们就来介绍一下对于插入后的图片的编辑。

（一）调整图片大小

单击需要调整大小的图片，可以看到，在图片的四周出现了一个矩形边框，在上下左右四个方向以及四个顶端上各有一个白色的小圆形。这些白色的小圆形称为控制点，如图 3-66 所示。

图 3-66　编辑图片

将鼠标移至控制点上可以看到鼠标指针变成了双箭头的形状。这时就可以根据鼠标指针箭头的方向拖动鼠标来缩放图片。当缩放到合适的尺寸时，释放鼠标即可。

（二）剪裁图片

有时插入文档的图片画幅过大，而用户只需要显示其中一部分内容，这时候我们就可以剪裁这张图片。

首先，鼠标右键单击图片，可以看到屏幕中出现了如图 3-67 所示的工具栏。或者选择图片格式菜单栏下的"裁剪"按钮，如图 3-68 所示。单击裁剪按钮，鼠标的前面就会出现按钮上的图案。将鼠标移至图片的边缘上，图片周围有了黑色的线段边框。这时，可以将鼠标向上拖动，移动到某个位置后，放开鼠标左键。这时的图片像被剪刀剪去了一部分似的，旧位置到新位置之间的画面不见了，这个线段边框就是图片裁剪后的位置。用同样的方法可以剪辑上、左、右这三个方向上的画面，裁剪后点击键盘"回车键"确认。这样就可以实现从大的图片上截取某个画面的操作了。

图 3-67 编辑图片（一）

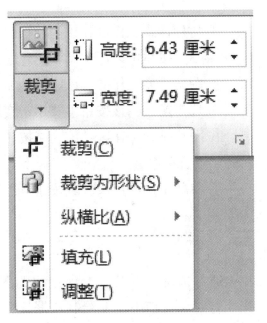

图 3-68 编辑图片（二）

（三）其他编辑功能

除了改变图片大小和剪裁图片外，还可以自行调整图片的明暗度、饱和度，用户还可以根据自己的需求翻转图片。只要用鼠标点击图片，菜单栏就会出现图片工具相关功能区域。下面通过图 3-69 来了解该功能区内按钮的具体功能。

①颜色校正工作区：该区域按钮可以用来调整图片颜色与亮度。

②格式调整工作区：该区域按钮可以用来调节图片大小、更换图片、重置图片信息。

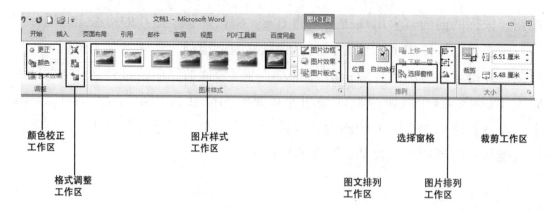

图 3-69　其他编辑功能

③ 图片样式工作区：该区域按钮可以用来调整图片阴影、边框属性，另外"图片格式"按钮可以用来调整图片之间以及图片与标题之间的排版样式。

④ 图文排列工作区：该区域按钮可以用来调整图片与文字之间的关系。

⑤ 选择窗口：该按钮主要用于实现多个图片之间的选择管理。

⑥ 图片排列工作区：该区域按钮可以用来调整图片的旋转以及图片之间的对齐、集合关系。

⑦ 裁剪工作区：该区域按钮可以用来实现图片的裁剪功能。

三、绘制图形

通常情况下办公文档所使用的图片不一定都需要用专业设计软件进行制作。有时在文档中需要绘制数据流程图，或是在图片上添加一些注释的图案。这些都可以在 Word 2010 中完成。

单击"插入"菜单中的"形状"，在弹出的子菜单中选择需要的形状命令。如图 3-70 所示。

（一）绘制直线

单击"线条"工具栏中的"直线"按钮，在文档中按下鼠标左键，并拖动鼠标至合适的长度和位置后，放开左键。这时，文档中就会出现一条直线。直线可以是水平的、垂直的，也可以是伸展向任意方向的。画完直线后，可以看到，在直线的两端各有一个圆圈，拖动这两个圆圈可以任意调整直线的方向和长度。将鼠标移到直线的上方，可以看到鼠标变成了四面箭头的形状，这时，按下鼠标左键并拖动鼠标，可以更改直线的位置。

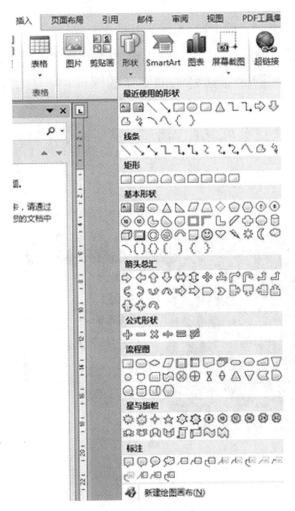

图 3-70　绘制图形

（二）绘制箭头

绘制箭头的方法与绘制直线的方法类似。不同的是，绘制箭头是单击绘图工具栏上的"箭头"按钮。鼠标的先后点击顺序决定了箭头的方向。

（三）绘制自选图形

单击绘图工具栏上的"自选图形"按钮，打开"自选图形"菜单。在菜单中可以选择不同的图形类别，单击类别名称可看到在这个类别中的所有图形形状。单击合适的图形按钮后，返回文档处，按下鼠标左键并拖动鼠标就可以了。

如果画圆、正方形或是等边三角形的时候无法确定画得是否精确，可以在绘图时按下 <Shift> 键。

（四）在图形中添加文字

Word 提供了在封闭图形中添加文字的功能。操作步骤如下：

步骤一：将鼠标指针移到要添加文字的图形中，右击该图形，弹出快捷菜单。

步骤二：单击快捷菜单中的"添加文字"命令，如图 3-71 所示。此时插入点移到图形内部。

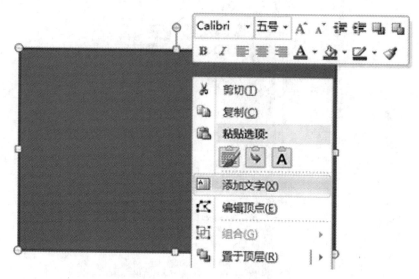

图 3-71　在图形中添加文字

步骤三：在插入点之后键入文字。

（五）图形的格式设置

绘制完图形后可对所绘制的图形进行编辑。可以对图形的颜色、线条、大小与版式等进行必要的修改与调整。

1. 设置图形的颜色和线条

将鼠标移至需要编辑的图形上，点击右键，打开"设置形状格式"对话框。进入后，单击"填充""线条颜色"或"线型"选项卡，进入编辑线条颜色或线型对话框，如图 3-72 所示。

（1）填充：通过填充可选择合适的图形底纹或填充色。该颜色将填充图形内的所有空白部分。

（2）线条颜色：同样也可以通过单击线条颜色右边的下拉菜单选择合适的线条颜色。

图 3-72 设置图形的颜色和线条

（3）**颜色透明度**：可以通过左右拉动滑杆来改善所选颜色的透明度。只是拉动滑杆设置出来的透明度并不十分精确，这时可通过修改旁边的百分比数值，更精确地设置颜色透明度。

（4）**短划线类型**：这里可设置线条为实线还是虚线，以及虚线的样式。

（5）**线端类型**：如果所编辑的图形为线条形状，则可选择这一栏。在此可设置线条始端的样式，有方形、圆形等。

（6）**箭头设置**：可以通过该设置选择箭头样式，设置箭头大小。

2. 调整图形的大小

打开"布局"对话框，单击"大小"选项卡，进入设置图形大小版面，如图 3-73 所示。

图 3-73 调整图形的大小

（1）**图形旋转**：在此可通过改变数值来改变图形的旋转度。

（2）**图形缩放**：在此可通过改变百分比来改变图形的大小。

（3）**锁定纵横比**：如果不想改变图形的长宽比例，可以选择此选项框。

（4）**相对原始图片大小**：该选项框只有在编辑图片时才会被选择。选择这个选项可以根据图片的原始尺寸来计算缩放比例。

（5）**原始尺寸**：只有当对象为图片时才会被选择。它可以将修改后的图片恢复原始尺寸。设置好后，按"确认"按钮执行所作的设置。

（六）图形的叠放次序

当两个或多个图形对象重叠在一起时，最近绘制的那个总是覆盖其他的图形。利用绘图按钮可以调整各个图形之间的叠放关系，具体步骤如下：

① 选定要确定叠放关系的图形对象。

② 单击"绘图工具"菜单栏，打开如图 3-74 所示的下拉菜单。

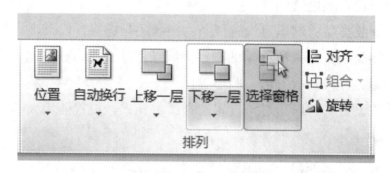

图 3-74　图形的叠放次序

③ 通过"上移一层""下移一层"调整图形的叠放次序。

（七）图形的组合

① 按住 Shift 键不放，逐个选定参与组合的图形。

② 右键单击选中的对象，在弹出的快捷菜单中选"组合"命令，如图 3-75所示。

③ 取消组合时，选择要取消组合的组，然后在"绘图"工具栏上，选择"绘图"-"取消组合"命令。

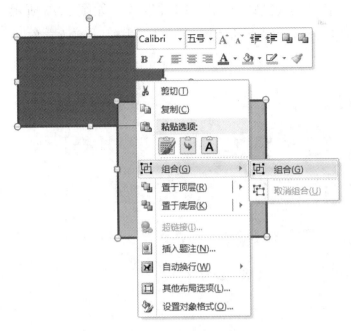

图 3-75　图形的组合

四、制作艺术字

Word 2010 拥有非常漂亮的艺术字体，可以为文档制作锦上添花。在"插入"对应的功能区内有一个"艺术字"按钮，单击它可打开艺术字库，如图 3-76 所示。

艺术字

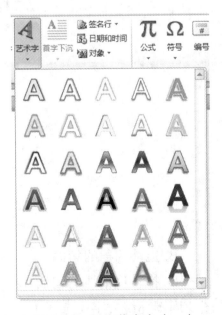

图 3-76　制作艺术字（一）

在对话框中选择合适的效果后，单击即可生效，如图 3-77 所示。点击生效文字会产生一个类似于图片编辑的边框，可以点击对其缩放、拖动。

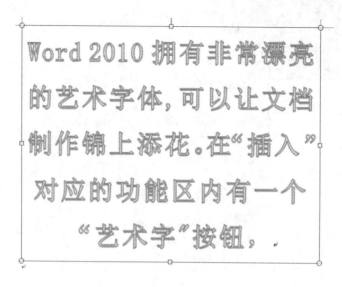

图 3-77　制作艺术字（二）

如果想进一步对艺术文字内容进行编辑，可以选择"绘图工具"下的艺术字样式功能区对字体形式和颜色进行进一步编辑，如图 3-78 所示。

图 3-78　制作艺术字

？ 练习题

一、选择题

1. 使图片按比例缩放应选用（　　　）。

A. 拖动中间的句柄　　　　　　B. 拖动四角的句柄

C. 拖动图片边框线　　　　　　D. 拖动边框线的句柄

2. 在 Word 中，如果要使图片周围环绕文字应选择（　　　）操作。

A. "绘图"工具栏中"文字环绕"列表中的"四周环绕"

B. "图片"工具栏中"文字环绕"列表中的"四周环绕"

C. "常用"工具栏中"文字环绕"列表中的"四周环绕"

D. "格式"工具栏中"文字环绕"列表中的"四周环绕"

3. 在 Word 中，如果要在文档中层叠图形对象，应执行（　　　）操作。

A. "绘图"工具栏中的"叠放次序"命令

B. "绘图"工具栏中"绘图"菜单中的"叠放次序"命令

C. "图片"工具栏中的"叠放次序"命令

D. "格式"工具栏中的"叠放次序"命令

4. 在 Word 中，要给图形对象设置阴影，应执行（　　　）操作。

A. "格式"工具栏中的"阴影"命令

B. "常用"工具栏中的"阴影"命令

C. "格式"工具栏中的"阴影"命令

D. "绘图"工具栏中的"阴影"命令

二、判断题

1.Word 中不插入剪贴画。（　　　）

2. 插入艺术字既能设置字体，又能设置字号。（　　　）

3.Word 中被剪掉的图片可以恢复。（　　　）

三、实训操作

1. 插入图片"熊猫 .jpg"，处理成右下图：大小缩放 50%，图片样式"柔化边缘椭圆"；环绕方式为"紧密型"。见图 3-79。

图 3-79　插入图片实训

2. 输入"国宝大熊猫"并设置艺术字，艺术字样式为"填充—红色，强调文字颜色暖色粗糙棱台"，华文隶书，小初，加粗；转换形式"左远右近"；设置形状边框和背景（茶色，背景，深色 10%）；环绕方式为"四周型"。见图 3-80。

图 3-80　艺术字实训

3. 插入图片"轻轨 .jpg"，边框线为"白色，背景，深色 15%"，调整大小。插入艺术字"地铁与轻轨"，"地铁、轻轨"艺术字样式为"填充—橙色，强调文字颜色；轮廓—强调文字颜色；发光—强调文字颜色，方正舒体，50 号，加粗"；"与"艺术字样式为"填充—橄榄色，强调文字颜色，轮廓—文本，微软雅黑，小初，加粗"；将艺术字置于图片上方。素材和样图见图 3-81。

图 3-81　插入图片和艺术字实训

第七节

Word 2010 的页面设置与打印

日常生活中精美的海报、招贴画、广告单等让人赏心悦目，产生这样的效果，版式设计发挥了很大的作用。在 Word 中，除了可以设置字符和段落格式外，还可以对文档的页面进行设置，使文档整体效果更好，这些设置主要包括页面格式设置，插入页码、页眉和页脚、分隔符，进行分栏等。设置好页面后，一篇文档已经基本成形，可以进行输出打印，在打印前还可以进行打印预览，查看打印效果，最后还要设置好打印参数。

一、页面设置

Word 2010 可以设置页面的大小、边距的大小，设置页眉、页脚、首字下沉等。

页面设置与打印

（一）设置页边距

单击"页面布局"菜单中"页面设置"下拉菜单，打开"页面设置"对话框，单击"页边距"选项卡，如图 3-82 所示。

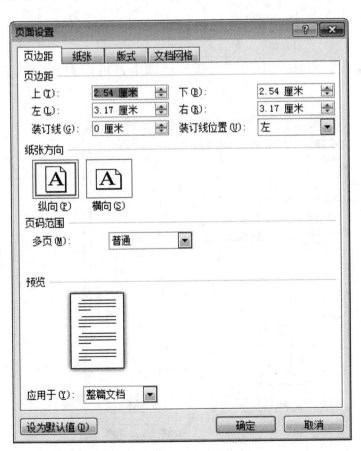

图 3-82　设置页边距

1. 设置页边距

通过修改上、下、左、右的边距尺寸，来改变文档显示的外观。设置装订线的间距值，可以根据装订线的位置，在该位置的边距上再增加额外的间距。

2. 设置纸张方向

通过单击表示纸张方向的图标，可以改变页面的显示方式，是以横向方式或者纵向方式显示。改变显示方向后，上下左右的边距设置也会互换。但是文字显示的方向不变。在默认状态下为纵向显示。

3. 设置页码范围

为多页设置选项。通过选择一种打印方式，可以更改设置页边距部分的装订线的位置。设置好后，可在下面的预览框中查看效果。

4. 设置应用范围

在此可以选择所作的页面设置是应用于整个文档还是插入点之后。设置完之后，单击"确定"按钮。

（二）设置纸张

单击"页面设置"对话框中的"纸张"选项卡，可以看到如图 3-83 所示的对话框。

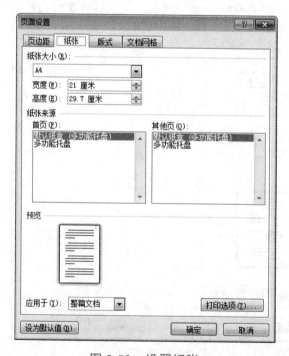

图 3-83　设置纸张

1. 设置纸型

根据打印机支持的纸张大小，设置纸张的尺寸。可以选择一种纸型，也可以在下面的宽度、高度栏里输入合适的值，自己设置纸张的尺寸。

2. 设置纸张来源

在此可以选择纸张的进纸方式。默认为从默认纸盒中进纸。

（三）插入页码

如果想在每页文档中插入页码，可以使用"插入"菜单中的"页码"下拉菜单。具体操作如下。

步骤一：单击"插入"菜单中的"页码"下拉菜单，如图 3-84 所示。

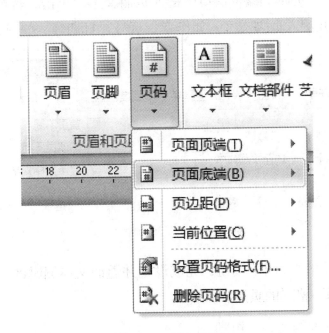

图 3-84　插入页码

步骤二：通过"页面顶端""页面底端"按钮相关功能可以调整页码位置。

步骤三：点击"当前设置"按钮可以获得当前页面页码数。

步骤四：点击"设置页码格式"打开页码格式对话框，可以更换计数格式、页码编号等信息。

（四）页眉和页脚

"页眉和页脚"是打印在一页顶部和底部的文字或图形。内容不是随文本输入的，而是通过命令设置的。"页码"是最简单的页眉和页脚。

1. 建立页眉和页脚

步骤如下。

步骤一：单击"插入"菜单中的"页眉""页脚"命令，打开页眉和页脚工具，如图 3-85 所示。

图 3-85　页眉和页脚（一）

步骤二：在"页眉"编辑窗口中键入页眉文本，单击"转至页脚"按钮到"页脚"编辑区并键入页脚文字，如作者、页号、日期等，如图 3-86 所示。

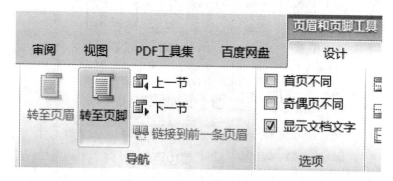

图 3-86　页眉和页脚（二）

步骤三：单击"关闭"按钮，完成设置并返回文本编辑区。这样整个文档的各页都具有同一格式的页眉和页脚。

2. 建立奇偶页不同的页眉和页脚

通常情况下，文档的页眉和页脚是相同的。有时需要建立奇偶页不同内容的页眉（或页脚）。步骤如下。

步骤一：单击"插入"菜单中的"页眉""页脚"命令，打开页眉和页脚工具。

步骤二：单击工具栏中的"页面设置"按钮，打开"页面设置"对话框。如图 3-87 所示。

步骤三：在"版式"选项卡的"页眉和页脚"框中，单击"奇偶页不同"复选框。

步骤四：单击"确定"按钮，返回页眉编辑区，此时页眉编辑区左上角出现"奇数页页眉"字样以提醒用户。在"奇数页页眉"编辑区键入奇数页页眉的内容。

步骤五：单击工具栏中"显示下一项"按钮，切换到"偶数页页眉"编辑区，键入偶数页页眉内容。

步骤六：单击"关闭"按钮，设置完毕。

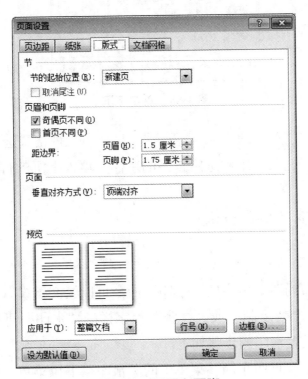

图 3-87　页眉和页脚

3. 页眉和页脚的删除

鼠标右键点击页眉或页脚，进入页眉页脚编辑状态，选定页眉或页脚并按 <Delete> 键即可。

（五）首字下沉

有些文章用每段的首字下沉来代替每段的首行缩进，使文章醒目。用"插入"菜单中的"首字下沉"命令可以设置或取消首字下沉，步骤如下。

步骤一：将插入点移到要设置或取消首字下沉的段落的任意处。

步骤二：单击"插入"菜单中的"首字下沉"命令打开"首字下沉"对话框，如图 3-88 所示。

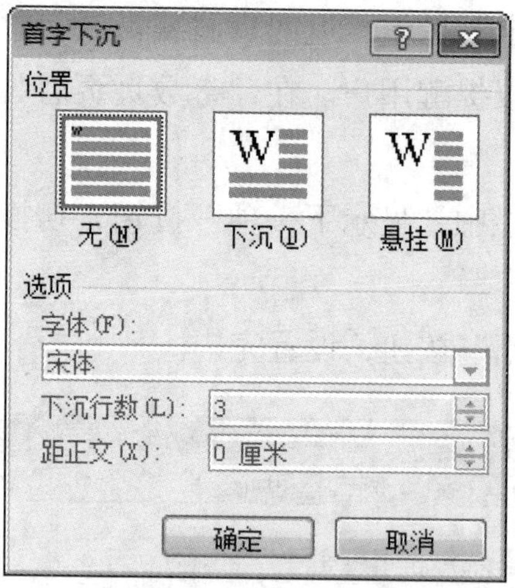

图 3-88　首字下沉

步骤三：在"位置"的"无""下沉""悬挂"三种格式选项中选定一种。

步骤四：在"选项"组中选定首字的字体，填入下沉的行数和距其后面正文的距离。

步骤五：单击"确定"按钮。

（六）水印

利用"页面布局"菜单中的"水印"命令可以给文档设置水印。给文档设置诸如"绝密""严禁复制"或"样张"等字样的"水印"可以提醒读者对文档的正确使用。设置水印的步骤如下。

步骤一：单击"页面布局"菜单中的"水印"下拉菜单，选择自定义"水印"，如图 3-89 所示。

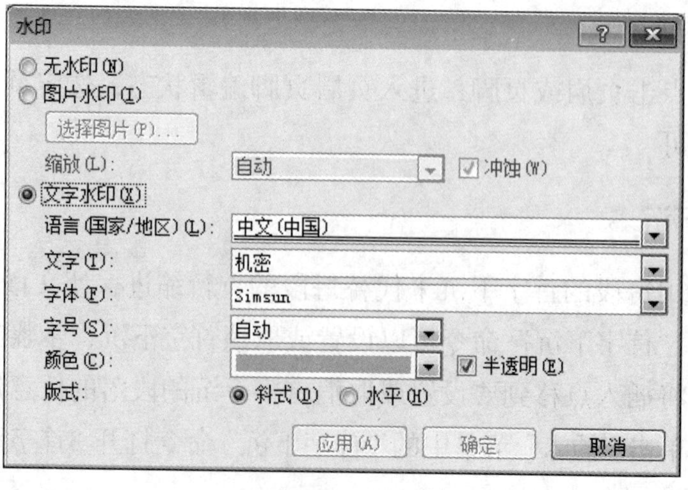

图 3-89　水印

步骤二：在"水印"对话框的"文字水印"的"文字"文本框中输入或选定水印文本，再分别选定字体、尺寸、颜色和输出形式。

步骤三：单击"确定"按钮完成设置。如果要取消水印，则可打开"水印"下拉菜单选择"删除水印"按钮。

二、文档的打印

当文档编辑、排版完成后，就可以打印输出了。打印前，可以利用预览功能先查看一下排版是否理想。如果满意，则打印，否则可继续修改排版。"文件"下拉菜单中的"打印预览"和"打印"命令或常用工具栏中的"打印预览"和"打印"按钮可以实现打印预览和打印。

（一）打印预览

单击"常用工具栏"中的"打印预览"按钮或"文件"菜单中的"打印"命令。如图 3-90 所示。

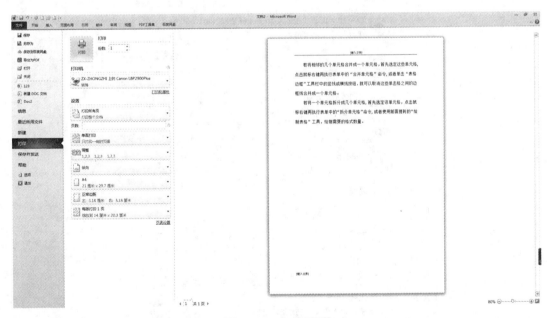

图 3-90　打印预览

预览窗口中可以使用右下角滑轨调整预览文件比例。查看后可单击左上角"开始"等菜单按钮退出打印预览状态。如果认为合适可以按"打印"按钮打印输出。

（二）打印

打印前，最好先保存文档，以免意外丢失。Word 2010 提供了许多灵活的打印功能。可以打印一份或多份文档，也可以打印文档的一页或几页。当然，在打印前，应准备好打印机。常用的操作如下：

1. 打印一份文档

打印一份当前文档最简单，只要单击常用工具栏中的快速打印按钮即可。

2. 打印多份文档

如果要打印多份文档，单击"文件"菜单中的"打印"命令或按快捷键Ctrl+P，打开"打印"对话框，如图 3-91 所示。

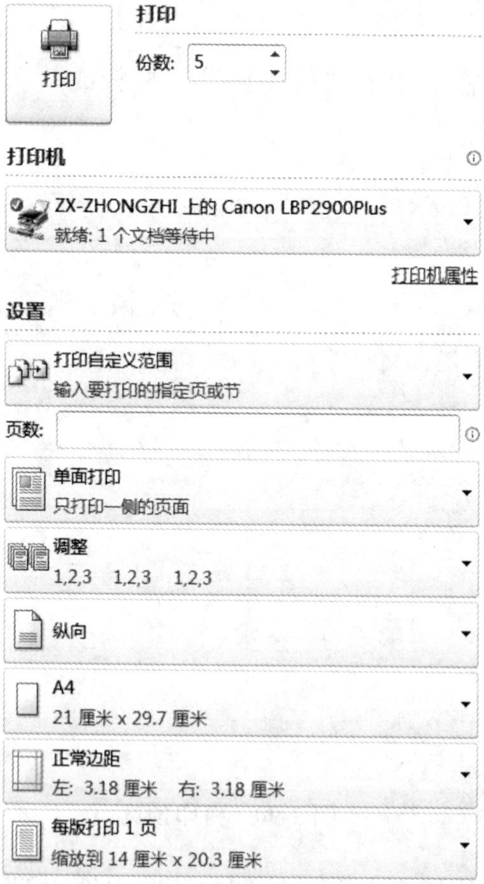

打印

份数：5

打印机

ZX-ZHONGZHI 上的 Canon LBP2900Plus
就绪：1 个文档等待中

打印机属性

设置

打印自定义范围
输入要打印的指定页或节

页数：

单面打印
只打印一侧的页面

调整
1,2,3　1,2,3　1,2,3

纵向

A4
21 厘米 x 29.7 厘米

正常边距
左：3.18 厘米　右：3.18 厘米

每版打印 1 页
缩放到 14 厘米 x 20.3 厘米

图 3-91　打印

在"份数"列表中填入需要的份数，单击"打印"按钮就开始执行打印命令。

3. 打印一页或几页

如果在"页码范围"选项组中，选定单选框"打印当前页"，那么只打印当前插入点所在的一页；如果选定单选框"页码范围"，并在其右边的文本框中填入页码，则可以打印指定的页面。

？ 练习题

一、选择题

1. Word 的页边距可以通过（   ）设置。

A."页面"视图下的"标尺"   B."格式"菜单下的"段落"

C."文件"菜单下的"页面设置"   D."工具"菜单下的"选项"

2. Word 在编辑一个文档完毕后，要想知道它打印后的结果，可使用（   ）功能。

A. 打印预览   B. 模拟打印

C. 提前打印   D. 屏幕打印

二、填空题

1. 如果想在文档中加入页眉、页脚，应当使用（   ）菜单中的"页眉和页脚"命令。

2. 在（   ）选项卡的（   ）功能区中可以设置页面的水印、页面边框、页面颜色和背景图案等。

3. 页面设置对话框有（   ）、（   ）、（   ）、（   ）4 个选项卡。

4. 要建立和编辑页眉页脚，可使用 Word 2010 的（   ）选项卡（   ）功能区中的（   ）或（   ）按钮，也可以双击页面视图的页眉页脚区域进入页眉页脚的编辑状态。

三、判断题

1. 页边距可以通过标尺设置。（   ）

2. 页眉与页脚一经插入，就不能修改了。（   ）

四、实作练习

步骤一：打开"朱自清的《春》"文档；

步骤二：调整所有边距 1.27 厘米，横向；

步骤三：插入一幅表现春天的插图，调整位置和大小；

步骤四：页眉中插入图片和"朱自清的《春》"字样；
步骤五：打印文档。

自我评价表

评价模块 知识点	知识与技能			作业实操			体验与探索		
	熟练掌握	一般认识	简单了解	独立完成	合作完成	不能完成	收获很大	比较困难	不感兴趣
Word 2010 的文档创建	☐	☐	☐	☐	☐	☐	☐	☐	☐
Word 2010 的文本编辑	☐	☐	☐	☐	☐	☐	☐	☐	☐
Word 2010 的文档格式设置	☐	☐	☐	☐	☐	☐	☐	☐	☐
Word 2010 的视图模式	☐	☐	☐	☐	☐	☐	☐	☐	☐
Word 2010 的表格	☐	☐	☐	☐	☐	☐	☐	☐	☐
Word 2010 的图形处理	☐	☐	☐	☐	☐	☐	☐	☐	☐
Word 2010 的页面设置与打印	☐	☐	☐	☐	☐	☐	☐	☐	☐
疑难问题									
学习收获									

第四章

Excel 2010 的应用

学 习 目 标

- 了解 Excel 2010 软件的特点和作用
- 掌握 Excel 2010 软件的基本操作功能
- 能够使用 Excel 2010 制作常用的办公图表

Excel 2010 是 Office 2010 套装软件中专门进行图表处理的应用软件，利用 Excel 2010 可以制作专业水准的电子表格、完成复杂的数据运算，同时 Excel 2010 能够通过多样的方法分析、管理和共享信息，帮助用户做出更好、更明智的决策，为用户跟踪和突出显示重要的数据趋势。无论是要生成财务报表还是管理个人支出，Excel 2010 都能够高效、灵活地实现目标。

第一节
Excel 2010工作簿的创建

一、Excel 2010的工作界面

启动 Excel 2010 后，系统自动建立一个空白工作簿。"工作簿"在 Excel 2010 中的作用是处理和存储数据的文件，每一个工作簿都可以包含多张工作表，因此可在一份文件中管理多种类型的相关信息。Excel 2010 窗口如图 4-1 所示，主要由八个部分组成，分别是标题栏、菜单栏、快速访问工具栏、工作表区、功能区、滚动条、工作表选择区和视图按钮。

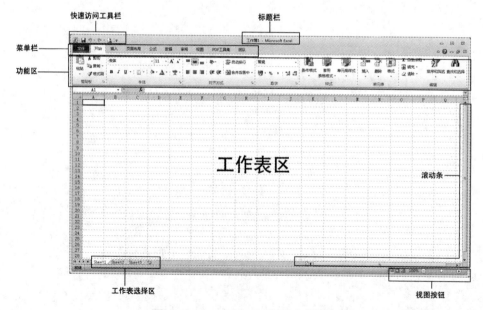

图 4-1　Excel 2010 的基本界面

（一）标题栏

标题栏位于窗口的最上方，显示该文档的名称。第一次打开窗口时显示的标题为"工作簿 1"。

（二）菜单栏

菜单栏位于标题栏的下方，在此可以根据不同的分类来选择相应的操作，例如：单击"文件"这个菜单选项，可以选择对文件进行新建、打开和保存等操作。菜单栏里存放了 Excel 2010 的所有操作命令。

（三）快速访问工具栏

通过点击快速访问工具栏可以快速新建文件、保存文件、返回操作等。

（四）功能区

功能区位于菜单栏的下方，点击不同的菜单栏可以获得相应的功能区。

（五）滚动条

滚动条分为水平滚动条和垂直滚动条两种，分别包围在文档编辑区的下端与右端。通过上拉或下拉垂直滚动条，或者左移或者右移水平滚动条来浏览文档的所有内容。当屏幕中能够显示整个页面时，滚动条会自动消失。一旦无法显示整个页面，滚动条会自动显现出来。

（六）视图按钮

通过点击视图按钮可以快速在页面视图、阅读版式视图、Web 版视图、大纲视图、草稿之间切换。另外通过调整后部百分比可以调整文本编辑区画幅。

（七）工作表切换区

可以在此区域新建或删除工作表，也可以在此点击按钮实现同一工作簿的不同工作表之间的切换。

（八）工作表区

工作表是显示在屏幕上由表格组成的一个区域。此区域称为"工作表区"，各种数据将通过它来输入显示。

二、建立电子表单

下面将以建立一张企业员工工资表的操作来说明 Excel 2010 的一些基本操作。

建立电子
表单（一）

步骤一：参见图 4-2，单击 A1 单元格。工作表提供了一系列的单元格，各单元格也各有一个名称，将光标移至单元格内后，其状态将变成一个十字形。

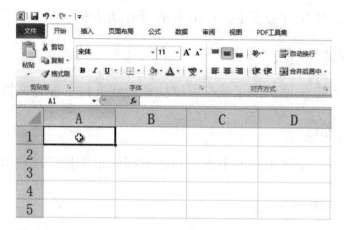

图 4-2　创建工资表（一）

步骤二：输入"姓名"，按一下键盘上的右方向键，然后输入"年龄"，接着在位于右旁的两列中分别输入"职务""工资额"，如图 4-3 所示。使用键盘上的左、右、上、下方向键可以将光标移至各单元格上，这就选定了当前单元格，从而让您在各单元格中输入文字信息。

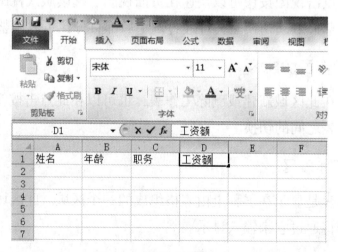

图 4-3　创建工资表（二）

步骤三：如图 4-4 所示，A2 输入诸葛亮，在 B2 输入 22，在 C2 输入经理助理，在 D2 输入 5000，并依次输入黄忠、刘备、文丑、鲁肃、小乔的信息。

建立电子
表单（二）

	A	B	C	D
1	姓名	年龄	职务	工资额
2	诸葛亮	22	经理助理	5000
3	黄忠	21	市场运营	4500
4	刘备	25	项目经理	6000
5	文丑	22	市场专员	4000
6	鲁肃	20	实习文案	3500
7	小乔	20	前台	4000

图 4-4 创建工资表（三）

三、设置电子表单

我们可以通过点击鼠标左键选择需要进行设置的单元格，在出现的菜单中选择"设置单元格格式"，见图 4-5。也可以通过使用"Ctrl+1"的快捷键调出单元格设置对话框。下面的操作将结合"工资表"的特点来进行说明。

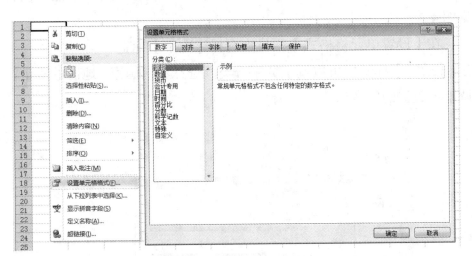

图 4-5 快速访问工具栏

（一）设置字体

具体操作步骤如下。

步骤一：左键选中 A2 ～ D2 单元格，使用快捷键"CTRL+1"调出单元格设置对话框，见图 4-6。

步骤二：在【设置单元格格式】栏目内选择【字体】标签。

步骤三：选择好合适的字体、字形、字号，并点击【确定】以确认。

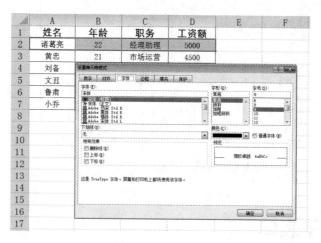

图 4-6　设置字体

（二）设置数字

具体操作步骤如下。

步骤一：左键选中 D2 单元格，使用快捷键"CTRL+1"调出单元格设置对话框，见图 4-7。

步骤二：在【设置单元格格式】栏目内选择【数字】标签。

步骤三：【数字】标签中可以调节数字分类，选择不同国家 / 地区的货币符号，以及调整该数据的负数格式。

图 4-7　设置数字

（三）格式刷

具体操作步骤如下。

步骤一：左键选中 D2 单元格。

步骤二：单击"格式刷"图标，按住左键向下拖拽。操作后下部单元格字体和数字格式与 D2 单元格统一，见图 4-8。

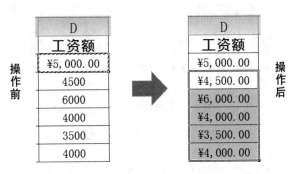

图 4-8　格式刷的使用

（四）插入标题行

具体操作步骤如下。

步骤一：使用鼠标右键点击行号 1，在出现的下拉菜单中选择插入。

步骤二：使用"CTRL+1"调出单元格设置对话框。

步骤三：按图 4-9 进行设置。

步骤四：在合并后的单元格内输入"工资条"即插入了文本标题。

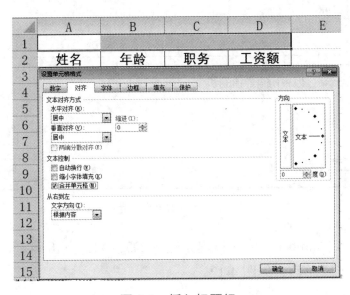

图 4-9　插入标题行

（五）添加总计单元格

具体操作步骤如下。

步骤一：左键选定 D9 单元格，单击"公式"功能栏下的"插入函数"图表，出现插入函数对话框，见图 4-10。

图 4-10　添加总计单元格

步骤二：选择常用函数下的 SUM 函数（求和），见图 4-11。

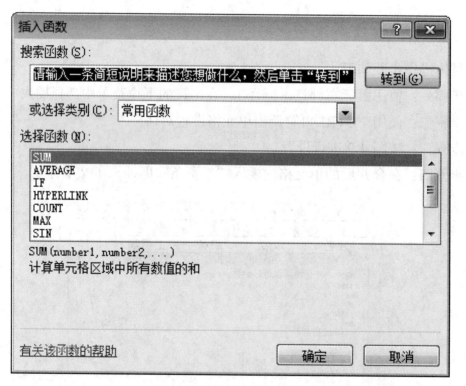

图 4-11　添加总计单元格

步骤三：在 Number 1 单元格内，输入 D3：D8，点击确定，D9 单元格即为六位员工的工资总额，见图 4-12。

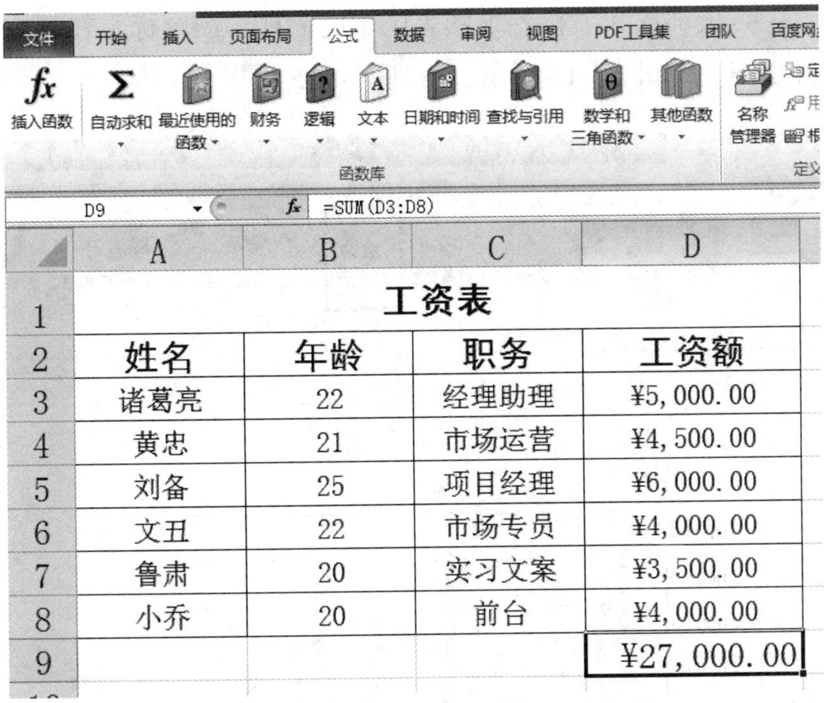

	A	B	C	D
1	工资表			
2	姓名	年龄	职务	工资额
3	诸葛亮	22	经理助理	¥5,000.00
4	黄忠	21	市场运营	¥4,500.00
5	刘备	25	项目经理	¥6,000.00
6	文丑	22	市场专员	¥4,000.00
7	鲁肃	20	实习文案	¥3,500.00
8	小乔	20	前台	¥4,000.00
9				¥27,000.00

图 4-12　添加总计单元格

（六）插入图表

具体操作步骤如下。

步骤一：将光标移至 A2 单元格上。然后单击它并向下拖动，选定各员工的姓名，并按住键盘上的 Ctrl 键，将光标移至 D2 单元格上，向下拖动，选定各员工的工资额后，结束拖动并释放 Ctrl 键，如图 4-13 所示。

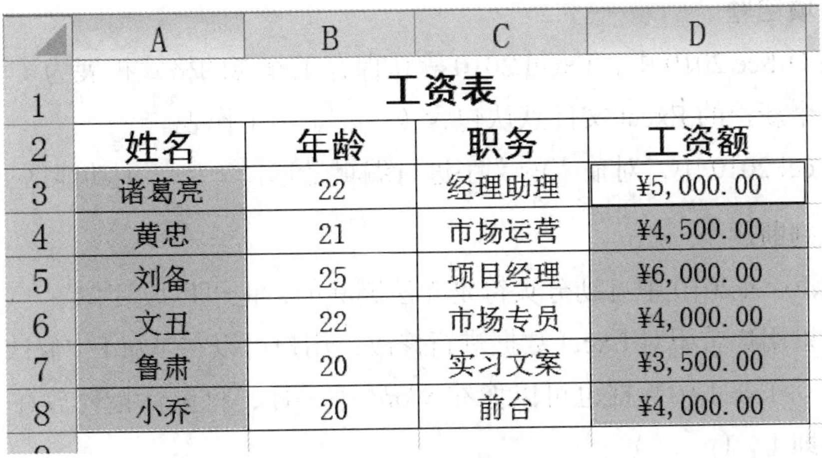

	A	B	C	D
1	工资表			
2	姓名	年龄	职务	工资额
3	诸葛亮	22	经理助理	¥5,000.00
4	黄忠	21	市场运营	¥4,500.00
5	刘备	25	项目经理	¥6,000.00
6	文丑	22	市场专员	¥4,000.00
7	鲁肃	20	实习文案	¥3,500.00
8	小乔	20	前台	¥4,000.00

图 4-13　插入图表（一）

步骤二：点击"插入"标签下图表区域内的柱形图图标，在下拉菜单中选择"三维柱状图"，如图 4-14 所示，得到图 4-15 结果。

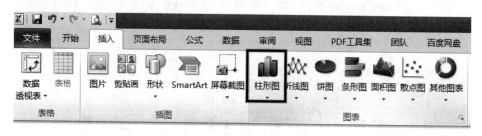

图 4-14　插入图表（二）

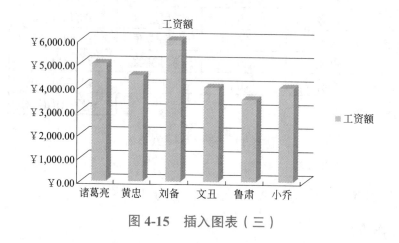

图 4-15　插入图表（三）

? 练习题

一、填空题

1. 在 Office 2010 中，Excel 2010 默认保存工作簿的格式扩展为（　　　）。

2. 一个新建的 Excel 文件默认包含（　　　）个工作表。

3. Excel 2010 中，对输入的文字进行编辑是选择（　　　）功能区。

二、判断题

1. 在 Excel 2010 中自动分页符是无法删除的，但可以改变位置。（　　　）

2. 如果用户希望对 Excel 数据进行修改，用户可以在 Word 中修改。（　　　）

3. 移动 Excel 中数据也可以像在 Word 中一样，将鼠标指针放在选定的内容上拖动即可。（　　　）

4. 在 Excel 2010 工作表中，若要隐藏列，则必须选定该列相邻右侧一列，单击"开始"选项，选择"格式""列""隐藏"即可。（　　　）

5. 在 Excel 2010 中按 Ctrl+Enter 组合键能在所选的多个单元格中输入相同的数据。（　　　）

三、单项选择题

1. Excel 2010 中，要录入身份证号，数字分类应选择（　　　）格式。

A. 常规　　　B. 数字（值）　　　C. 科学计数　　　D. 文本　　　E. 特殊

2. 如果用户想保存一个正在编辑的文档，但希望以不同文件名存储，可用（　　　）命令。

A. 保存　　　B. 另存为　　　　C. 比较　　　　D. 限制编辑

3. 设打开一个原有文档，编辑后进行"保存"操作，则该文档（　　　）。

A. 被保存在原文件夹下

B. 可以保存在已有的其他文件夹下

C. 可以保存在新建文件夹下

D. 保存后文档被关闭

4. 为了区别"数字"和"数字字符串"数据，Excel 要求在输入项前添加（　　　）符号来区别。

A. #　　　　　B. @　　　　　　C. "　　　　　　D. '

5. 下列关于 Excel 的叙述中，错误的是（　　　）。

A. 一个 Excel 文件就是一个工作表

B. 一个 Excel 文件就是一个工作簿

C. 一个工作簿可以有多个工作表

D. 双击某工作表标签，可以对该工作表重新命名

6. 在 Excel 中，双击某工作表标签将（　　　）。

A. 重命名该工作表　　　　　B. 切换到该工作表

C. 删除该工作表　　　　　　D. 隐藏该工作表

7. 在 Excel 中，字符型数据的默认对齐方式是（　　　）。

A. 左对齐　　　B. 右对齐　　　C. 两端对齐　　　D. 视具体情况而定

8. Excel 的缺省工作簿名称是（　　　）。

A. 文档 1　　　B. sheet 1　　　C. book 1　　　D. DOC

9. 某区域由 A1、A2、A3、B1、B2、B3 六个单元格组成，下列不能表示该区域的是（　　　）。

A. A1：B3　　　B. A3：B1　　　C. B3：A1　　　D. A1：B1

10. 在 Excel 中，下面说法不正确的是（　　　　）。

A. Excel 应用程序可同时打开多个工作簿文档

B. 在同一工作簿文档窗口中可以建立多张工作表

C. 在同一工作表中可以为多个数据区域命名

D. Excel 新建工作簿的缺省名为"文档 1"

11. Excel 的主要功能是（　　　　）。

A. 表格处理，文字处理，文件管理

B. 表格处理，网络通信，图表处理

C. 表格处理，数据库管理，图表处理

D. 表格处理，数据库管理，网络通信

12. Excel 2010 工作簿的最小组成单位是（　　　　）。

A. 工作表　　　　B. 单元格　　　　C. 字符　　　　D. 标签

13. 一个工作簿最多可以包含（　　　　）个工作表。

A. 10　　　　　　B. 64　　　　　　C. 128　　　　　D. 255

14. 一个工作簿启动后，默认创建了（　　　　）个工作表。

A. 1　　　　　　B. 3　　　　　　C. 8　　　　　　D. 10

15. 全选按钮位于 Excel 2010 窗口的（　　　　）。

A. 工具栏中　　　　　　　　　B. 左上角，行号和列标在此相汇

C. 编辑栏中　　　　　　　　　D. 底部，状态栏中

16. 在 Excel 工作表单元格中输入字符型数据 5118，下列输入中正确的是（　　　　）。

A. '5118　　　　B. "5118　　　　C. "5118"　　　　D. '5118'

17. 在 Excel 编辑状态下，若要调整单元格的宽度和高度，利用下列哪种方法更直接、快捷。（　　　　）

A. 工具栏　　　　B. 格式栏　　　　C. 菜单栏　　　　D. 工作表的行标签和列标签

18. 以下不属于 Excel 2010 中数字分类的是（　　　　）。

A. 常规　　　　　B. 货币　　　　　C. 文本　　　　　D. 条形码

19. 在 Excel 2010 中要录入身份证号，数字分类应选择（　　　　）格式。

A. 常规　　　　　B. 数字（值）　　　　C. 科学计数　　　　D. 文本

20. 在 Excel 2010 中要想设置行高、列宽，应选用（　　　　）功能区中的"格式"命令。

A. 开始　　　　　B. 页面布局　　　　　C. 视图　　　　D. 特色功能

21. Excel 是（ ）。

A. 表格处理软件   B. 系统软件   C. 硬件   D. 操作系统

四、多项选择题

1. Excel 所拥有的视图方式有（ ）。

A. 普通视图   B. 分页预览视图

C. 大纲视图   D. 页面视图

2. 以下关于管理 Excel 表格表述正确的是（ ）。

A. 可以给工作表插入行   B. 可以给工作表插入列

C. 可以插入行，但不可以插入列   D. 可以插入列，但不可以插入行

3. 以下属于 Excel 中单元格数据类型的有（ ）。

A. 文本   B. 数值

C. 逻辑值   D. 出错值

4. 以下说法正确的是（ ）。

A. 在 Word 中，视图默认的视图为普通视图

B. 在 Excel 中，视图默认的视图为普通视图

C. 在 PowerPoint 中，视图默认的视图为普通视图

D. 以上答案只有 A、B 正确

5. 以下选项中，中文版式方式包括以下几种。（ ）

A. 拼音指南   B. 双行合一   C. 带圈字符   D. 纵横混排

6. 在 Excel 2010 中，"Delete"和"全部清除"命令的区别在于（ ）。

A. Delete 删除单元格的内容、格式和批注

B. Delete 仅能删除单元格的内容

C. 清除命令可删除单元格的内容、格式或批注

D. 清除命令仅能删除单元格的内容

7. 在 Excel 2010 中，有关插入、删除工作表的阐述，正确的是（ ）。

A. 单击"插入"菜单中的"工作表"命令，可插入一张新的工作表

B. 单击"编辑"菜单中的"清除"/"全部"命令，可删除一张工作表

C. 单击"编辑"菜单中的"删除"命令，可删除一张工作表

D. 单击"编辑"菜单中的"删除工作表"命令，可删除一张工作表

8. 在 Excel 单元格中将数字作为文本输入，下列方法正确的是（ ）。

A. 先输入单引号，再输入数字

B. 直接输入数字

C. 先设置单元格格式为"文本"，再输入数字

D. 先输入"="，再输入双引号和数字

9. 在 Excel 中，序列包括以下哪几种。（　　　）

A. 等差序列　　　　　　　　B. 等比序列

C. 日期序列　　　　　　　　D. 自动填充序列

10. 在 Excel 中，移动和复制工作表的操作中，下面正确的是（　　　）。

A. 工作表能移动到其他工作簿中　　　B. 工作表不能复制到其他工作簿中

C. 工作表不能移动到其他工作簿中　　D. 工作表能复制到其他工作簿中

11. "选择性粘贴"对话框有哪些选项。（　　　）

A. 全部　　　　　B. 数值　　　　　C. 格式　　　　　D. 批注

12. 在进行查找替换操作时，搜索区域可以指定为（　　　）。

A. 整个工作簿　　　　　　　　B. 选定的工作表

C. 当前选定的单元格区域　　　D. 以上全部正确

13. 在 Excel 2010 中要输入身份证号码，应如何输入。（　　　）

A. 直接输入

B. 先输入单引号，再输入身份证号码

C. 先输入冒号，再输入身份证号码

D. 先将单元格格式转换成文本，再直接输入身份证号码

14. Excel 2010 中，下面能将选定列隐藏的操作是（　　　）。

A. 右击选择隐藏

B. 将列标题之间的分隔线向左拖动，直至该列变窄看不见为止

C. 在"列宽"对话框中设置列宽为 0

D. 以上选项不完全正确

15. 在 Excel 2010 中，若要对工作表的首行进行冻结，下列操作正确的有（　　　）。

A. 光标置于工作表的任意单元格，执行"视图"选项卡下"窗口"功能区中的"冻结窗格"命令，然后单击其中的"冻结首行"子命令

B. 将光标置于 A2 单元格，执行"视图"选项卡下"窗口"功能区中的"冻结窗格"命令，然后单击其中的"冻结拆分窗格"子命令

C. 将光标置于 B1 单元格，执行"视图"选项卡下"窗口"功能区中的"冻结窗格"命令，然后单击其中的"冻结拆分窗格"子命令

D. 将光标置于 A1 单元格，执行"视图"选项卡下"窗口"功能区中的"冻

结窗格"命令，然后单击其中的"冻结拆分窗格"子命令

16.Excel 2010 中，只允许用户在指定区域填写数据，不能破坏其他区域，并且不能删除工作表，应怎样设置（　　　）。

A. 设置"允许用户编辑区域"　　　　B. 保护工作表

C. 保护工作簿　　　　　　　　　　D. 添加打开文件密码

17. 下列选项中，要给工作表重命名，正确的操作是（　　　）。

A. 功能键 F2

B. 右键单击工作表标签，选择"重命名"

C. 双击工作表标签

D. 先单击选定要改名的工作表，再单击它的名字

18. 下列数字格式中，属于 Excel 数字格式的是（　　　）。

A. 分数　　　　B. 小数　　　　C. 科学记数　　　　D. 会计专用

19. 在一个 Excel 文件中，想隐藏某张工作表，并且不想让别人看到，应用到哪些知识。（　　　）

A. 隐藏工作表　B. 隐藏工作簿　C. 保护工作表　　　　D. 保护工作簿

五、实训操作

根据数据素材制作表格。数据素材如下：

标题：一年级 A 班学生信息统计表

统计要素：姓名、性别、年龄、体重、身高。

张飞（男、16 岁、63 公斤、1.66 米）；关羽（男、17 岁、60 公斤、1.7 米）；

孙尚香（女、16 岁、48 公斤、1.59 米）；马超（男、16 岁、55 公斤、1.63 米）；

董卓（男、17 岁、66 公斤、1.66 米）；廖化（男、17 岁、53 公斤、1.67 米）；

黄月英（女、16 岁、48 公斤、1.58 米）。

第二节
Excel 2010 的公式与函数

Excel 2010 提供了对数据的统计、计算和管理功能。用户可以使用系统提供的运算符和函数建立公式，系统将按公式自动进行计算。如果参与计算的相

关数据发生变化，Excel 会自动更新结果。

一、计算公式

在 Excel 2010 中，"公式"是在单元格中执行计算的方程式，如一个执行数学计算的加、减就是一种简单的公式。

前面的操作中，对工资额的总计就使用了这样的公式，此时若单击显示工资额总计的单元格——D9，当它处于选定状态，"编辑栏"中就会显示所使用的公式，如图 4-16 所示。

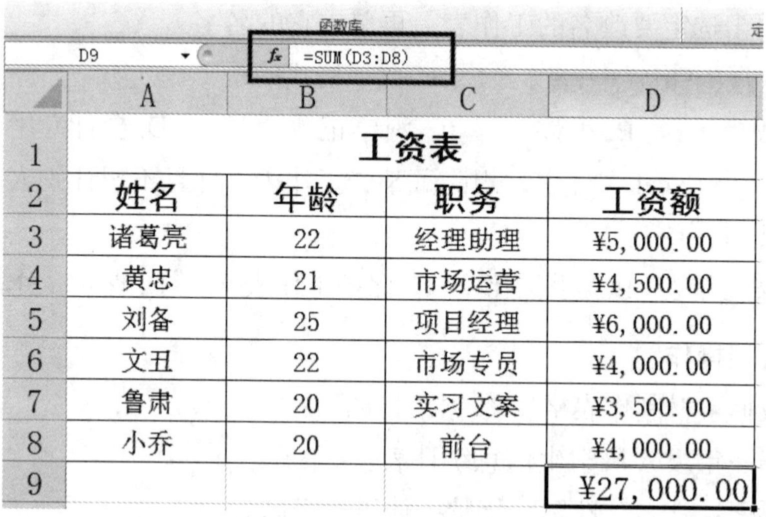

	A	B	C	D
1	工资表			
2	姓名	年龄	职务	工资额
3	诸葛亮	22	经理助理	¥5,000.00
4	黄忠	21	市场运营	¥4,500.00
5	刘备	25	项目经理	¥6,000.00
6	文丑	22	市场专员	¥4,000.00
7	鲁肃	20	实习文案	¥3,500.00
8	小乔	20	前台	¥4,000.00
9				¥27,000.00

D9 f_x =SUM(D3:D8)

图 4-16 计算公式

只要记住公式的应用法则，无论在单元格中，还是在"编辑栏"中都能建立并使用。图 4-17 是一个公式范例。

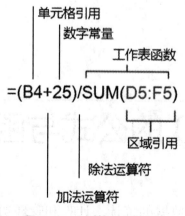

单元格引用
数字常量
工作表函数

=(B4+25)/SUM(D5:F5)

区域引用
除法运算符
加法运算符

图 4-17 计算公式范例

如果正确地创建了计算公式，那么在默认状态下，其计算值就会显示在单元格中，公式则显示在"编辑栏"中。如果要使工作表中所有的公式在显示公式内容与显示结果之间切换，可按下 CTRL+~ 组合键（位于键盘左上侧）。

二、运算符

（一）算数运算符

算数运算符用于完成基本的数学运算，如加法、减法和乘法，连接数字和产生数字结果等。各算术运算符名称与用途如表 4-1 所列。

表 4-1　算数运算符

算术运算符	名称	用途	示例
+	加号	加	3+3
−	减号	"减"以及表示负数	3-1　　−2
★	星号	乘	3★3
/	斜杠	除	3/3
%	百分号	百分比	20%
^	脱字符	乘方	3^2(与 3★3 相同)

（二）比较运算符

比较运算符用于比较两个值，比较结果将是一个逻辑值，即不是 TRUE（真）就是 FALSE（假）。与其他的计算机程序语言类似，这类运算符还用于按条件做下一步运算。各比较运算符名称与用途如表 4-2 所列。

表4-2　比较运算符

比较运算符	名称	用途	示例
=	等号	等于	A1=B1
>	大于号	大于	A1>B1
<	小于号	小于	A1<B1
>=	大于或等于号	大于或等于	A1>=B1
<=	小于或等于号	小于或等于	A1<=B1
<>	不等于	不等于	A1<>B1

（三）文本运算符

文本运算符是一个文字串联符——&，用于加入或连接一个或更多字符串来产生一大段文本。如 "North" & "wind"，结果将是 North wind。

（四）引用运算符

引用表 4-3 的运算符可以将单元格区域合并起来进行计算。

表 4-3　引用运算符

引用运算符	名称	用途	示例
:	冒号	区域运算符，对两个引用之间，包括两个引用在内的所有单元格进行引用	B5: B15
,	逗号	联合操作符将多个引用合并为一个引用	SUM（B5:B15，D5:D15）

（五）运算的顺序

如果公式中使用了多个运算符，Excel 将按下表所列的顺序进行运算。如果公式中包含了相同优先级的运算符，例如，同时包含了乘法和除法运算符，则将从左到右进行计算。如果要修改计算的顺序，可把需要首先计算的部分放在一对圆括号内。

表 4-4　运算顺序

优先级	运算符	用途
1	:（冒号）	引用运算符
2	（空格）	
3	,（逗号）	
4	-（负号）	-1
5	%	百分比
6	^	乘方
7	★ 和 /	乘和除
8	＋ 和 －	加和减
9	&	连接两串文本

（六）应用计算公式的范例

① 求和应用 =SUM(F6，D7，-E7)。

② 合并"姓"和"名"=D5&" "&E5。

③ 合并日期与文本 =" 时间："&TEXT(F5，"d-mmm-yy")。

④ 按百分比增加 =F5*(1+5%)。

⑤ 基于单个条件求和 =SUMIF(B3:B8，">20"，D3:D8)。

三、函数的概念

Excel 中所提的函数其实是一些预定义的公式，它们使用一些称为参数的特定数值按特定的顺序或结构进行计算。用户可以直接用它们对某个区域内的数值进行一系列运算，如分析和处理日期值和时间值、确定贷款的支付额、确定单元格中的数据类型、计算平均值、排序显示和运算文本数据，等等。例如，SUM 函数对单元格或单元格区域进行加法运算。

（一）参数

参数可以是数字、文本、形如 TRUE 或 FALSE 的逻辑值、数组、形如 #N/A 的错误值或单元格引用。给定的参数必须能产生有效的值。参数也可以是常量、公式或其他函数。参数不仅仅是常量、公式或函数，还可以是数组、单元格引用。

（二）常量

常量是直接键入到单元格或公式中的数字或文本值，或由名称所代表的数字或文本值。例如，日期 10/9/96、数字 210 和文本"Quarterly Earnings"都是常量。公式或由公式得出的数值都不是常量。

（三）函数的结构

如图 4-18 所示，函数的结构以函数名称开始，后面是左圆括号、以逗号分隔的参数和右圆括号。如果函数以公式的形式出现，请在函数名称前面键入等号（＝）。

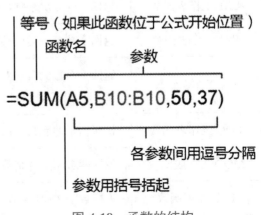

图 4-18　函数的结构

（四）嵌套函数

所谓嵌套函数，就是指在某些情况下，您可能需要将某函数作为另一函数的参数使用。也就是说一个函数可以是另一个函数的参数。

例如图 4-19 中所示的公式使用了嵌套的 AVERAGE 函数，并将结果与 50 相比较。这个公式的含义是：如果单元格 F2 到 F5 的平均值大于 50，则求 G2 到 G5 的和，否则显示数值 0。

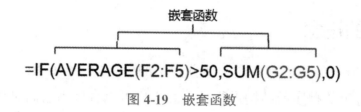

图 4-19　嵌套函数

四、函数的种类

（一）数学和三角函数

该类别下具体函数种类如表 4-5 所示。

表4-5　数学和三角函数

函数名	功能说明
ABS 工作表函数	返回参数的绝对值
COS 工作表函数	返回给定角度的余弦值
COUNTIF 工作表函数	计算给定区域内满足特定条件的单元格的数目
EXP 工作表函数	返回 e 的 n 次幂常数 e 等于 2.71828182845904，是自然对数的底数
INT 工作表函数	返回实数舍入后的整数值
LN 工作表函数	返回一个数的自然对数，自然对数以常数项 e（2.71828182845904）为底
LOG 工作表函数	按所指定的底数，返回一个数的对数
MOD 工作表函数	返回两数相除的余数结果的正负号与除数相同
PI 工作表函数	返回数字 3.141592653589793，即数学常数 pi，精确到小数点后 15 位

函数名	功能说明
RAND 工作表函数	返回大于或等于 0 小于 1 的均匀分布随机数
RANDBETWEEN 工作表函数	返回位于两个指定数之间的一个随机数
ROUND 工作表函数	返回某个数字按指定位数舍入后的数字
SIN 工作表函数	返回给定角度的正弦值
SQRT 工作表函数	返回正平方根
SUM 工作表函数	返回某一单元格区域中所有数字之和
TAN 工作表函数	返回给定角度的正切值
TRUNC 工作表函数	将数字的小数部分截去，返回整数

（二）逻辑函数

逻辑函数是用来判断真假值，或者进行复合检验的 Excel 函数。在 Excel 中提供了六种逻辑函数。即 AND、OR、NOT、FALSE、IF、TRUE 函数。

1. AND 函数

所有参数的逻辑值为真时返回 TRUE；只要一个参数的逻辑值为假即返回 FALSE。

语法：AND(logical1，logical2，...)，其中 Logical1，logical2，... 表示待检测的 1 到 30 个条件值，参数必须是逻辑值，或者包含逻辑值的数组或引用。

例：=AND(B2>30，B2<60)、=AND(B1:B3)

2. OR 函数

OR 函数指在其参数组中，任何一个参数逻辑值为 TRUE，即返回 TRUE。它与 AND 函数的区别在于，AND 函数要求所有函数逻辑值均为真，结果方为真。而 OR 函数仅需其中任何一个为真即可为真。

3. NOT 函数

NOT 函数用于对参数值求反。当要确保一个值不等于某一特定值时，可以使用 NOT 函数。简言之，就是当参数值为 TRUE 时，NOT 函数返回的结果恰与之相反，结果为 FALSE。

4. TRUE、FALSE 函数

TRUE、FALSE 函数用来返回参数的逻辑值，由于可以直接在单元格或公式中键入值 TRUE 或者 FALSE，因此这两个函数通常可以不使用。

5. IF 函数

IF 函数用于执行真假值判断后，根据逻辑测试的真假值返回不同的结果，因此 IF 函数也称之为条件函数。

语法：IF(logical_test，value_if_true，value_if_false)。

例：=IF(SUM(C5:F5)，SUM(C5:F5)，"")、=IF(B11>60，"合格"，"不合格")

（三）文本、日期与时间函数

1. 文本函数

（1）大小写转换 可以使用 LOWER、UPPER、PROPER 等函数将大小写字母进行转化。具体语如下。

LOWER：将一个文字串中的所有大写字母转换为小写字母。

UPPER：将文本转换成大写形式。

PROPER：将文字串的首字母及任何非字母字符之后的首字母转换成大写。将其余的字母转换成小写。

示例：

Lower（pLease ComE Here!）= please come here!

upper（pLease ComE Here!）= PLEASE COME HERE!

proper（pLease ComE Here!）= Please Come Here!

（2）取出字符串中的部分字符 可以使用 MID、LEFT、RIGHT 等函数从长字符串内获取一部分字符。具体语法如下。

LEFT 函数：LEFT(text，num_chars)，其中 text 是包含要提取字符的文本串。num_chars 指定要由 LEFT 所提取的字符数。

MID 函数：MID(text，start_num，num_chars)，其中 text 是包含要提取字符的文本串。start_num 是文本中要提取的第一个字符的位置。

RIGHT 函数：RIGHT(text，num_chars)，其中 text 是包含要提取字符的文本串。num_chars 指定希望 RIGHT 提取的字符数。

示例：

LEFT("This is an apple"，4)=This

RIGHT("This is an apple"，5)=apple

MID("This is an apple"，6，2)=is

（3）去除字符串的空白　在字符串形态中，空白也是一个有效的字符，但是如果字符串中出现空白字符时，容易在判断或对比数据时发生错误。

在 Excel 中，可以使用 TRIM 函数清除字符串中的空白。

语法：TRIM(text)，其中 text 为需要清除其中空格的文本。

比如：TRIM("My name is Mary")=My name is Mary

注意：TRIM 函数不会清除单词之间的单个空格，如果连这部分空格都需要清除的话，建议使用替换功能。

（4）字符串的比较　EXACT 函数测试两个字符串是否完全相同。如果它们完全相同，则返回 TRUE；否则，返回 FALSE。

函数 EXACT 能区分大小写，但忽略格式上的差异。

语法：EXACT(text1，text2) text1 为待比较的第一个字符串。text2 为待比较的第二个字符串。

例如：EXACT("China"，"china")=False

2. 文本函数集

文本函数见表 4-6。

表4-6　文本函数

函数名	函数说明	语法
ASC	将字符串中的全角（双字节）英文字母更改为半角（单字节）字符	ASC(text)
CHAR	返回对应于数字代码的字符，函数 CHAR 可将其他类型计算机文件中的代码转换为字符	CHAR(number)
EXACT	该函数测试两个字符串是否完全相同。如果它们完全相同，则返回 TRUE；否则，返回 FALSE。函数 EXACT 能区分大小写，但忽略格式上的差异。利用函数 EXACT 可以测试输入文档内的文字	EXACT(text1，text2)
FIND	FIND 用于查找其他文本串 (within_text) 内的文本串 (find_text)，并从 within_text 的首字符开始返回 find_text 的起始位置编号	FIND(find_text，within_text，start_num)
LEN	按照给定的次数重复显示文本。可以通过函数 REPT 来不断地重复显示某一文字串，对单元格进行填充	REPT

函数名	函数说明	语法
TEXT	将一数值转换为按指定数字格式表示的文本	TEXT(value，format_text)
TRIM	除了单词之间的单个空格外，清除文本中所有的空格。在从其他应用程序中获取带有不规则空格的文本时，可以使用函数 TRIM	TRIM(text)
UPPER	将文本转换成大写形式	UPPER(text)
VALUE	将代表数字的文字串转换成数字	VALUE(text)
RIGHT	RIGHT 根据所指定的字符数返回文本串中最后一个或多个字符	RIGHT(text，num_chars)
	RIGHTB 根据所指定的字符数返回文本串中最后一个或多个字符。此函数用于双字节字符	RIGHTB

3. 日期与时间

NOW、TODAY 函数主要用于取出当前系统时间 / 日期信息。语法形式均为 函数名（）。

如果需要单独的年份、月份、日数或小时的数据时，可以使用 YEAR、MONTH、DAY、HOUR 函数直接从日期 / 时间中取出需要的数据。

示例：设 E5 = 2003-5-30 12:30 PM，如果要取 E5 的年份、月份、日数及小时数，可以分别采用相应函数实现。

YEAR(E5)=2003

MONTH(E5)=5

HOUR(E5)=12

该类别下具体函数种类如表 4-7 所示。

表4-7　日期与时间相关函数

函数名	函数说明	语法
DATE	返回代表特定日期的系列数	DATE(year，month，day)
DAY	返回以系列数表示的某日期的天数，用整数 1 到 31 表示	DAY(serial_number)
HOUR	返回时间值的小时数。即一个介于 0 (12:00 A.M.) 到 23 (11:00 P.M.) 之间的整数	HOUR(serial_number)

函数名	函数说明	语法
MINUTE	返回时间值中的分钟。即一个介于 0 到 59 之间的整数	MINUTE(serial_number)
MONTH	返回以系列数表示的日期中的月份。月份是介于 1（一月）和 12（十二月）之间的整数	MONTH(serial_number)
NOW	返回当前日期和时间所对应的系列数	NOW( )
TIME	返回某一特定时间的小数值，函数 TIME 返回的小数值为从 0 到 0.99999999 之间的数值，代表从 0:00:00 (12:00:00 A.M) 到 23:59:59 (11:59:59 P.M) 之间的时间	TIME(hour，minute，second)
TODAY	返回当前日期的系列数，系列数是 Microsoft Excel 用于日期和时间计算的日期 - 时间代码	TODAY( )
WEEKDAY	返回某日期为星期几。默认情况下，其值为 1（星期天）到 7（星期六）之间的整数	WEEKDAY(serial_number，return_type)
YEAR	返回某日期的年份。返回值为 1900 到 9999 之间的整数	YEAR(serial_number)
YEARFRAC	返回 start_date 和 end_date 之间的天数占全年天数的百分比	YEARFRAC(start_date，end_date，basis)

（四）查询和引用

1. COLUMN、ROW

COLUMN 用于返回给定引用的列标。

语法：COLUMN(reference)。

reference 为需要得到其列标的单元格或单元格区域。如果省略 reference，则假定为是对函数 COLUMN 所在单元格的引用。如果 reference 为一个单元格区域，并且函数 COLUMN 作为水平数组输入，则函数 COLUMN 将 reference 中的列标以水平数组的形式返回。但是 reference 不能引用多个区域。

ROW 用于返回给定引用的行号。

语法：ROW(reference)。

reference 为需要得到其行号的单元格或单元格区域。 如果省略 reference，则假定是对函数 ROW 所在单元格的引用。如果 reference 为一个单元格区域，并且函数 ROW 作为垂直数组输入，则函数 ROW 将 reference 的行号以垂直数组的形式返回。但是 reference 不能对多个区域进行引用。

2. INDEX

INDEX 用于返回表格或区域中的数值或对数值的引用。

函数 INDEX() 有两种形式：数组和引用。数组形式通常返回数值或数值数组；引用形式通常返回引用。

语法：INDEX(array 或 reference，row_num，column_num，area_num)。

array 为单元格区域或数组常数。row_num 为数组中某行的行序号，函数从该行返回数值。column_num 为数组中某列的列序号，函数从该列返回数值。需注意的是 row_num 和 column_num 必须指向 array 中的某一单元格，否则，函数 INDEX 返回错误值 #REF！。area_num 为指定的区域（假如存在多个区域引用的话）。

示例：INDEX({1，2;3，4}，2，2) 等于 4。

3. HLOOKUP、LOOKUP、MATCH、VLOOKUP

LOOKUP 函数可以返回向量（单行区域或单列区域）或数组中的数值。此系列函数用于在表格或数值数组的首行查找指定的数值，并由此返回表格或数组当前列中指定行处的数值。

当比较值位于数据表的首行，并且要查找下面给定行中的数据时，使用函数 HLOOKUP。当比较值位于要进行数据查找的左边一列时，使用函数 VLOOKUP。

如果需要找出匹配元素的位置而不是匹配元素本身，则应该使用函数 MATCH 而不是函数 LOOKUP。MATCH 函数用来返回在指定方式下与指定数值匹配的数组中元素的相应位置。从以上分析可知，查找函数的功能，一是按搜索条件，返回被搜索区域内数据的一个数据值；二是按搜索条件，返回被搜索区域内某一数据所在的位置值。

LOOKUP 用于返回向量（单行区域或单列区域）或数组中的数值。

函数 LOOKUP 有两种语法形式：向量和数组。

4. 向量形式

函数 LOOKUP 的向量形式是在单行区域或单列区域（向量）中查找数值，然后返回第二个单行区域或单列区域中相同位置的数值。

语法：LOOKUP(lookup_value，lookup_vector，result_vector)。

lookup_value 为函数 LOOKUP 在第一个向量中所要查找的数值。可以为数字、文本、逻辑值或包含数值的名称或引用。lookup_vector 为只包含一行或一列的区域。lookup_ vector 的数值可以为文本、数字或逻辑值。

示例：= LOOKUP("ddd"，A2:A8，B2:B8) 等于 18

　　　= LOOKUP("bbb"，A2:A8，B2:B8) 等于 21

注意：lookup_vector 的数值必须按升序排序：...、−2、−1、0、1、2、...、A ～ Z、FALSE、TRUE ；否则，函数 LOOKUP 不能返回正确的结果。文本不区分大小写。

result_vector 只包含一行或一列的区域，其大小必须与 lookup_vector 相同。

如果函数 LOOKUP 找不到 lookup_value，则查找 lookup_vector 中小于或等于 lookup_ value 的最大数值。如果 lookup_value 小于 lookup_vector 中的最小值，函数 LOOKUP 返回错误值 #N/A。

5. 数组形式

函数 LOOKUP 的数组形式在数组的第一行或第一列查找指定的数值，然后返回数组的最后一行或最后一列中相同位置的数值。

语法：LOOKUP(lookup_value，array)

示例：= LOOKUP("C"，{"a"，"b"，"c"，"d";1，2，3，4}) 等于 3

　　　= LOOKUP("bump"，{"a"，1;"b"，2;"c"，3}) 等于 2

注意：这些数值必须按升序排列：...、−2、−1、0、1、2、...、A ～ Z、FALSE、TRUE ；否则，函数 LOOKUP 不能返回正确的结果。

通常情况下，最好使用函数 HLOOKUP 或函数 VLOOKUP 来替代函数 LOOKUP 的数组形式。函数 LOOKUP 的这种形式主要用于与其他电子表格兼容。

6. HLOOKUP 与 VLOOKUP 的比较

HLOOKUP 用于在表格或数值数组的首行查找指定的数值，并由此返回表格或数组当前列中指定行处的数值。

VLOOKUP 用于在表格或数值数组的首列查找指定的数值，并由此返回表格或数组当前行中指定列处的数值。

语法：HLOOKUP(lookup_value, table_array, row_index_num, range_lookup) ；

　　　VLOOKUP(lookup_value, table_array, col_index_num, range_lookup)。

lookup_value 表示要查找的值，它必须位于自定义查找区域的最左列，

lookup_value 可以为数值、引用或文字串。

table_array 为查找的区域，用于查找数据的区域，上面的查找值必须位于这个区域的最左列。可以使用对区域或区域名称的引用。

row_index_num 为 table_array 中待返回的匹配值的行序号。row_index_num 为 1 时，返回 table_array 第一行的数值；row_index_num 为 2 时，返回 table_array 第二行的数值，以此类推。

col_index_num 为相对列号。最左列为 1，其右边一列为 2，以此类推。

range_lookup 为一逻辑值，指明函数 HLOOKUP 查找时是精确匹配，还是近似匹配。

示例：=HLOOKUP（"年龄"，A1:D8，5，TRUE）等于 18

=VLOOKUP（"ddd"，A1:D8，4，TRUE）等于 900

（五）统计函数

Excel 的统计工作表函数用于对数据区域进行统计分析。例如，统计工作表函数可以用来统计样本的方差、数据区间的频率分布等。统计工作表函数中提供了很多属于统计学范畴的函数，但也有些函数其实在你我的日常生活中是很常用的，比如求班级平均成绩、排名等。以下主要介绍一些常见的统计函数。

1. AVERAGE

AVERAGE 函数用于求参数的算术平均值。

语法：AVERAGE(number1，number2，...)。

其中 number1，number2，... 为计算平均值的 1 ～ 30 个参数。这些参数可以是数字，或者是涉及数字的名称、数组或引用。如果数组或单元格引用参数中有文字、逻辑值或空单元格，则忽略其值。但是，如果单元格包含零值则计算在内。

2. COUNT 函数

COUNT 函数用于统计单元格个数。

语法：COUNT（value1，value2，...）。

其中 value1，value2，... 为包含或引用各种类型数据的参数（1 ～ 30 个），但只有数字类型的数据才被计数。

函数 COUNT 在计数时，将把数字、空值、逻辑值、日期或以文字代表的数计算进去；但是错误值或其他无法转化成数字的文字则被忽略。如果参数是一个数组或引用，那么只统计数组或引用中的数字；数组中或引用的空单元格、逻辑值、文字或错误值都将忽略。如果要统计逻辑值、文字或错误值，应当使用函数 COUNTA。

示例：=COUNT(D2:D8) 等于 7。

3. 求数据集的最大值 MAX 与最小值 MIN

这两个函数 MAX、MIN 就是用来求解数据集的极值（即最大值、最小值）。函数的用法非常简单。

语法：函数（number1，number2，...）。

其中 number1，number2，... 为需要找出最大数值的 1 ～ 30 个数值。如果参数是一个数组或引用，那么只统计数组或引用中的数字；数组或引用中的空白单元格、逻辑值或文本将被忽略。因此如果逻辑值和文本不能忽略，请使用带 A 的函数 MAXA 或者 MINA 来代替。

统计函数见表 4-8。

表4-8　统计函数

函数名	函数说明	语法
AVERAGE	返回参数算术平均值	AVERAGE(number1，number2，...)
COUNT	返回参数的个数。利用函数 COUNT 可以计算数组或单元格区域中数字项的个数	COUNT(value1，value2，...)
MAX	返回数据集中的最大数值	MAX(number1，number2，...)
MIN	返回给定参数表中的最小值	MIN(number1，number2，...)
RANK	返回一个数值在一组数值中的排位。数值的排位是与数据清单中其他数值的相对大小（如果数据清单已经排过序了，则数值的排位就是它当前的位置）	RANK(number，ref，order)

？ 练习题

一、填空题

1. 在 Excel 2010 中求出相应数字绝对值的函数是（　　　）。

2.求所有参数平均值的函数是（　　　　）。

3.求最大值的函数是（　　　　）。

4.计算符合指定条件的单元格区域内的数值和的函数是（　　　　）。

5.统计某个单元格区域中符合指定条件的单元格数目的函数是（　　　　）。

6.写出函数的含义，SUM（　　　　），AVERAGE（　　　　），MAX（　　　　），MIN（　　　　）。

7.已知 D2 单元格的内容为 =B2*C2，当 D2 单元格被复制到 E3 单元格时，E3 单元格的内容为（　　　　）。

二、单项选择题

1.设 A1 单元中有公式 =SUM(B2:D5)，在 C3 单元插入一列后再删除一行，则 A1 单元的公式变成（　　　　）。

A. =SUM(B2:E4)　　　　　　B. =SUM(B2:E5)

C. =SUM(B2:D3)　　　　　　D. =SUM(B2:E3)

2.某公式中引用了一组单元格，它们是（C3：D6，A2，F2），该公式引用的单元格总数为（　　　　）。

A. 6　　　　　B. 8　　　　　C. 10　　　　D. 14

3.如果 A1：A5 包含数字 10、7、9、27 和 2，则（　　　　）。

A. SUM（A1：A5）等于 10

B. SUM（A1：A3）等于 26

C. AVERAGE（A1&A5）等于 11

D. AVERAGE（A1：A3）等于 7

4. Excel 工作表 G8 单元格的值为 7654.375，执行某些操作之后，在 G8 单元格中显示一串"#"符号，说明 G8 单元格的（　　　　）。

A. 公式有错，无法计算

B. 数据已经因操作失误而丢失

C. 显示宽度不够，只要调整宽度即可

D. 格式与类型不匹配，无法显示

5.在 Excel 中，运算符"&"表示（　　　　）。

A. 逻辑值的与运算　　　　　B. 子字符串的比较运算

C. 数值型数据的相加　　　　D. 字符型数据的连接

6.某区域由 A1、A2、A3、B1、B2、B3 六个单元格组成。下列不能表示该区域的是（　　　）。

A. A1：B3　　　B. A3：B1　　　C. B3：A1　　　D. A1：B1

7. 在 Excel 工作表中，正确的 Excel 公式形式为（　　　）。

A. =B3*Sheet3:A2　　　　　B. =B3*Sheet3;A2

C. =B3*Sheet3&A2　　　　　D. =B3*Sheet3!A2

8. 在 Excel 2010 中，使用自动求和按钮对 D5 至 D8 单元格求和，并将结果填写在 D10 单元格的正确步骤是（　　　）。

A. 单击自动求和按钮　　　B. 选择求和区域 D5：D8

C. 选择单元格 D10　　　　D. 按回车键

9. 在 Excel 2010 中，创建公式的操作步骤是（　　　）。

A. 在编辑栏输入等号

B. 按回车键

C. 选择需要输入公式的单元格

D. 输入公式具体内容

三、多项选择题

1. 在 Excel 2010 中，工作表"销售额"中的 B2:H308 中包含所有的销售数据，在工作表"汇总"中需要计算销售总额，可采用哪些方法。（　　　）

A. 在工作表"汇总"中，输入"= 销售额！（B2:H308）"

B. 在工作表"汇总"中，输入"=SUM 销售额！（B2:H308）"

C. 在工作表"销售额"中，选中 B2:H308 区域，并在名称框输入"sales"，在工作表"汇总"中，输入"=sales"

D. 在工作表"销售额"中，选中 B2:H308 区域，并在名称框输入"sales"，在工作表"汇总"中，输入"=SUM(sales)"

2. 在 Excel 2010 中，若要指定的单元格或区域定义名称，可采用的操作为（　　　）。

A. 执行"公式"选项卡下的"定义名称"命令

B. 执行"公式"选项卡下的"名称管理器"命令

C. 执行"公式"选项卡下的"根据所选内容创建"命令

D. 只有 A 和 C 正确

3. 在 Excel 单元格中输入数值 3000，与它相等的表达式是（　　　）。

A. 300000%　　　B. =3000/1　　　C. 30E+2　　　D. =average(Sum(3000，3000))

4. 下列关于 Excel 的公式，说法正确的有（　　　）。

A. 公式中可以使用文本运算符

B. 引用运算符只有冒号和逗号

C. 函数中不可使用引用运算符

D. 所有用于计算的表达式都要以等号开头

四、实训操作

根据数据素材制作表格，利用公式统计表中学生 8 月兼职收入总金额。数据素材如下：

标题：一年级 A 班学生 8 月份兼职收入统计表

统计要素：姓名、性别、年龄、8 月份兼职收入。

张飞（男、16 岁、1500 元）；关羽（男、17 岁、1000 元）；

孙尚香（女、16 岁、1200 元）；

马超（男、16 岁、800 元）；

董卓（男、17 岁、1300 元）；

廖化（男、17 岁、500 元）；

黄月英（女、16 岁、1400 元）。

数据的排序

第二节

Excel 2010的数据处理与分析

正确使用 Excel 2010 提供的排序、筛选和汇总等处理数据方法，能够让用户从容管理庞杂的数据，从而提高工作效率。

一、数据的排序

在实际软件应用中，为了提高表格数据查找效率，需要重新整理数据，对此最有效的方法就是对现有数据进行排序。排序常用命令如图 4-20 所示。

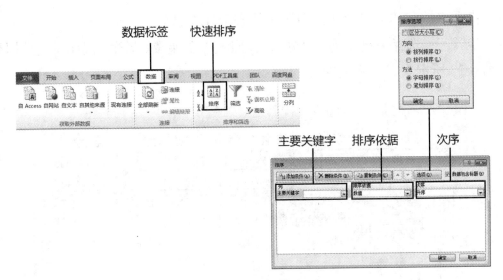

图 4-20　数据排序

（一）常用排序

Excel 2010 的排序是指数据行依照某种属性的递增或递减规律重新排列，该属性称为关键字，递增或递减规律称为升序或降序。

1. 简单排序

下面将以排序一张"本科上线名单"的操作来说明 Excel 2010 的简单排序操作。

步骤一：在 Excel 2010 中建立"本科上线名单"表格，设置姓名、性别、文化总分、专业总分、总分五个信息板块，如图 4-21 所示。

	A	B	C	D	E
1	姓名	性别	文化总分	专业总分	总分
2	鲁肃	男	273	420	693
3	诸葛亮	男	273	425	698
4	刘备	男	268	430	698
5	文丑	男	269	435	704
6	黄忠	男	281	439	720
7	小乔	女	284	431	715
8	大乔	女	286	435	721

图 4-21　简单排序（一）

步骤二：在"本科上线名单"工作表中计算总分。

步骤三：选择关键字为"总分"，按照学生总递减（降序）规律排列数据行，如图 4-22 所示。点击确定即可。

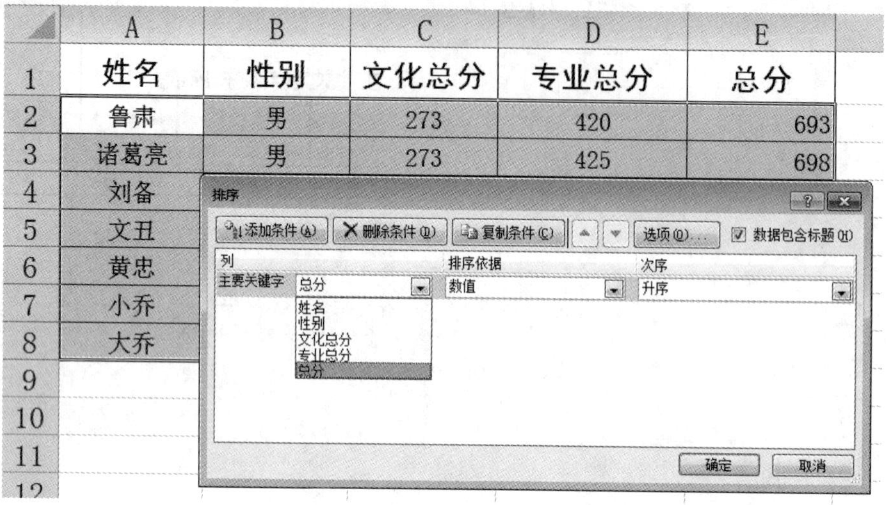

图 4-22　简单排序（二）

2. 多关键字复杂排序

多关键字复杂排序操作步骤与简单排序类似，只是增加了表格的排序依据。具体操作步骤可以继承简单排序的前两个操作步骤。

在主要关键字中选择"性别""降序"。点击"添加条件"，在次要关键字中选择"总分""升序"（见图 4-23）。点击确定即可。排序结果如图 4-24 所示。

图 4-23　多关键字复杂排序（一）

	A	B	C	D	E
1	姓名	性别	文化总分	专业总分	总分
2	小乔	女	284	431	715
3	大乔	女	286	435	721
4	鲁肃	男	273	420	693
5	诸葛亮	男	273	425	698
6	刘备	男	268	430	698
7	文丑	男	269	435	704
8	黄忠	男	281	439	720

图 4-24　多关键字复杂排序（二）

（二）排序规则与条件

1. 排序规则

排序分为升序和降序。表 4-9 列出了 Excel 2010 排序规则。

表4-9　Excel 2010 排序规则

对象	效果
数字	数字按从最小的负数到最大的正数进行排序
日期	日期按从最早的日期到最远的日期进行排序
文本	字母、数字、文本按从左到右的顺序逐字符进行排序。例如，如果某个单元格中含有文本 "A100"：Excel 会将这个单元格放在含有 "A1" 的单元格的后面、含有 "A11" 的单元格的前面。文本以及包含存储为文本的数字的文本按以下次序排序：0123456789（空　格）!"#$%&()*，1:;?@[V]^~({I}~+<=>ABCDEFGHIJKLMNOPQRSTUVWXYZ 撇号 () 和连字符 (-) 会被忽略。但例外情况是：如果两个文本字符串除了连字符不同外其余都相同，则带连字符的文本排在后面。如果已通过 "排序选项" 对话框将默认的排序次序更改为区分大小写，则字母字符的排序次序为：aAbBcCdDeEfFgGhHiIjJkKlLmMnNoOpPqQrRsStTuUvVwWxXy YzZ
逻辑	在逻辑值中，FALSE 排在 TRUE 之前
错误	所有错误值（如 #NUM! 和 #REF!）的优先级相同
空白单元格	无论是按升序还是按降序排序，空白单元格总是放在最后 (空白单元格是空单元格，它不同于包含一个或多个空格字符的单元格)

2. 排序条件

单关键字排序，就是利用一个 "主要关键字" 进行排序。如果需要排序的条件不止一个，则使用"次要关键字"排序。单击"添加条件"按钮，可以选择次要关键字。例如，当主要关键字"余额"相同时，如果要继续排序，则可按次要关键字，如"性别"排序；而当主次要关键字都相同时，若仍要排序，则可按第三关键字，如"伙食费"排序（排序时，各关键字在"排序"对话框的"关键字"下拉列表框中选择）。在"排序"对话框中，"数据包含标题"复选项表示表格中的标题行是否参加排序。如果参加排序的不是表格中的全部数据，则需在排序前先选定参加排序的数据范围。

二、筛选与汇总

（一）数据筛选

数据筛选

"筛选"是一种快速的数据筛选方法，用户可以通过它快速地访问大量数据，并从中选出满足条件的记录并显示出来。

1. 自动筛选

具体操作步骤如下。

步骤一：点击"数据"菜单栏下的"筛选"按钮，用户自建的"姓名""性别""文化总分"等信息栏目右下角会出现倒三角下拉标识，如图 4-25 所示。

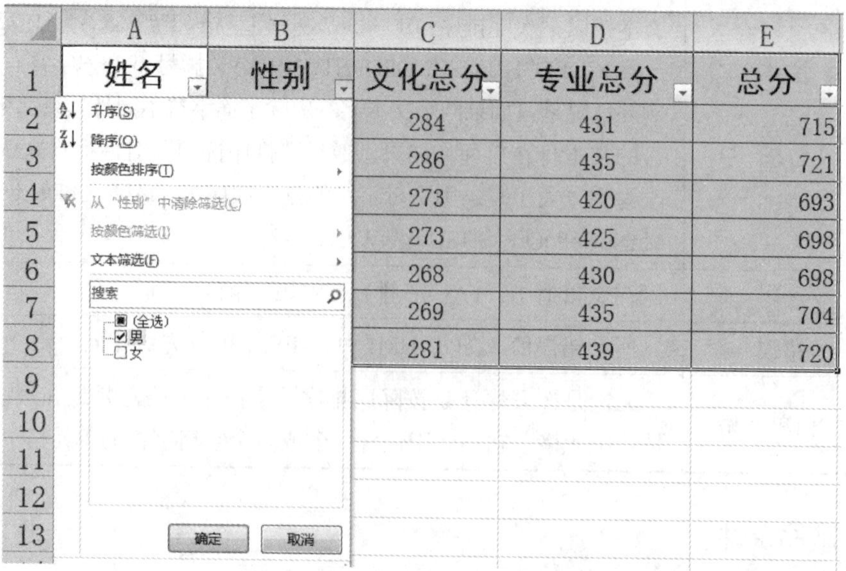

	A	B	C	D	E
1	姓名	性别	文化总分	专业总分	总分
2	升序(S)		284	431	715
3	降序(O)		286	435	721
4	按颜色排序(T)		273	420	693
5	从"性别"中清除筛选(C)		273	425	698
6	按颜色筛选(I)		268	430	698
7	文本筛选(F)		269	435	704
8	搜索		281	439	720
9	■(全选)				
10	☑男				
11	☐女				
12					
13	确定　取消				

图 4-25　自动筛选（一）

步骤二：打开"性别"下拉标识，在"全选""男""女"选框中只保留"男"，点击"确定"按钮，结果如图 4-26 所示。

	A	B	C	D	E
1	姓名	性别	文化总分	专业总分	总分
4	鲁肃	男	273	420	693
5	诸葛亮	男	273	425	698
6	刘备	男	268	430	698
7	文丑	男	269	435	704
8	黄忠	男	281	439	720

图 4-26 自动筛选（二）

2. 自定义筛选

如果通过一个筛选条件无法获得筛选所需要的筛选结果时，用户可以使用 Excel 2010 的自定义筛选功能。自定义筛选可以设定多个筛选条件，在筛选过程中具有很大的灵活性。

具体示范操作步骤如下。

步骤一：打开"专业总分"筛选下拉菜单，在"数字筛选"分项中，选择自定义筛选，如图 4-27 所示。

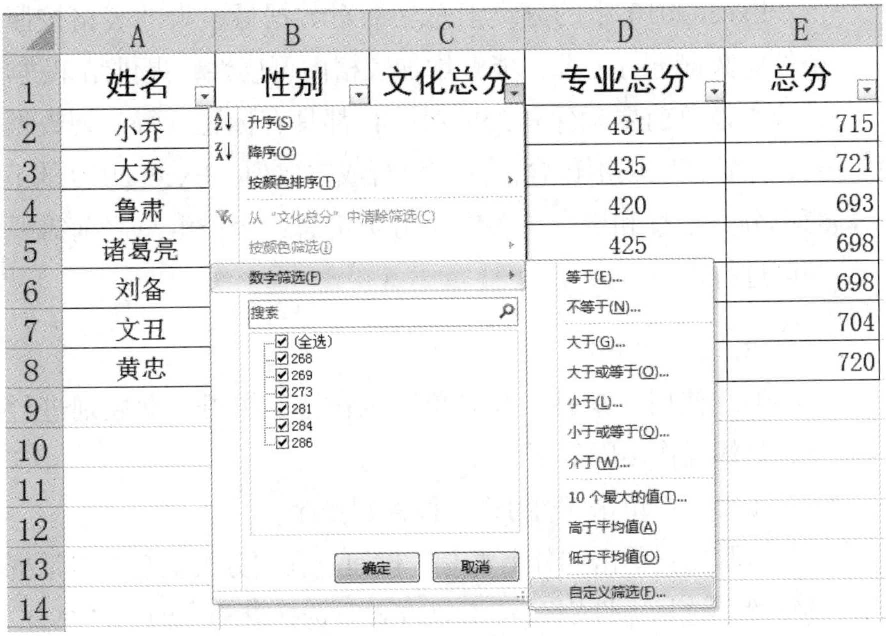

图 4-27 自定义筛选

步骤二：在"自定义自动筛选方式"窗口内设置"大于""430"、"小于""440"，（见图4-28），单击"确定"，结果如图4-29所示。

分类汇总

图 4-28　自定义自动筛选方式

	A	B	C	D	E
1	姓名	性别	文化总分	专业总分	总分
2	小乔	女	284	431	715
3	大乔	女	286	435	721
7	文丑	男	269	435	704
8	黄忠	男	281	439	720

图 4-29　筛选结果

（二）分类汇总

Excel 2010 中的分类汇总功能对数据量较大的表格按照一定的条件对数据进行汇总，能够增加表格的可读性，提供结果进行分析。在分类汇总前要确保每列的第一行都具有标题，每一列数据含义相同，并且该区域不包含任何空白行或空白列。Excel 2010 的汇总分为简单分类汇总和嵌套（多级）分类汇总，分类汇总之前需要对分类字段进行排序。

1. 简单分类汇总

继续使用"本科上线名单"工作簿，按男、女性别进行分类汇总，具体操作步骤如下。

步骤一：单击"性别"，按性别排序。

步骤二：单击"分类汇总"按钮，在"分类汇总"对话框中，"分类字段"选择"性别"，"汇总方式"选择求和，勾选"总分""每组数据分页"（见图4-30）。获得汇总结果如图4-31所示。

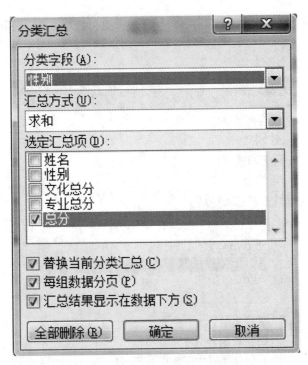

图 4-30 简单分类汇总（一）

1 2 3		A	B	C	D	E
	1	姓名	性别	文化总分	专业总分	总分
	2	小乔	女	284	431	715
	3	大乔	女	286	435	721
	4		女 汇总			1436
	5	鲁肃	男	273	420	693
	6	诸葛亮	男	273	425	698
	7	刘备	男	268	430	698
	8	文丑	男	269	435	704
	9	黄忠	男	281	439	720
	10		男 汇总			3513
	11		总计			4949

图 4-31 简单分类汇总（二）

2. 嵌套(多级)分类汇总

嵌套（多级）分类汇总先对已经建立了分类汇总的工作表某项指标汇总，再按另一个字段对汇总后的数据进一步细化，即汇总操作。嵌套分类汇总中每级使用的关键字不相同。具体嵌套（多级）分类汇总操作如下。

步骤一：计算"本科上线名单"工作簿男、女生"总分"的平均值，结果放在"总分"项下，注意取消勾选"替换当前分类汇总"如图 4-32、图 4-33 所示。

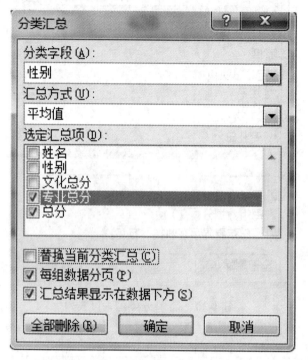

图 4-32　嵌套（多级）分类汇总（一）

	姓名	性别	文化总分	专业总分	总分
	A	B	C	D	E
1	姓名	性别	文化总分	专业总分	总分
2	小乔	女	284	431	715
3	大乔	女	286	435	721
4		女　平均值		433	718
5	鲁肃	男	273	420	693
6	诸葛亮	男	273	425	698
7	刘备	男	268	430	698
8	文丑	男	269	435	704
9	黄忠	男	281	439	720
10		男　平均值		429.8	702.6
11		总计平均值		430.7142857	707

图 4-33　嵌套（多级）分类汇总（二）

步骤二：在图 4-34 所示分类汇总的工作表基础上，计算"专业总分""总分"项的最小值，取消勾选"每组数据分页"（见图 4-34），操作结果如图 4-35 所示。

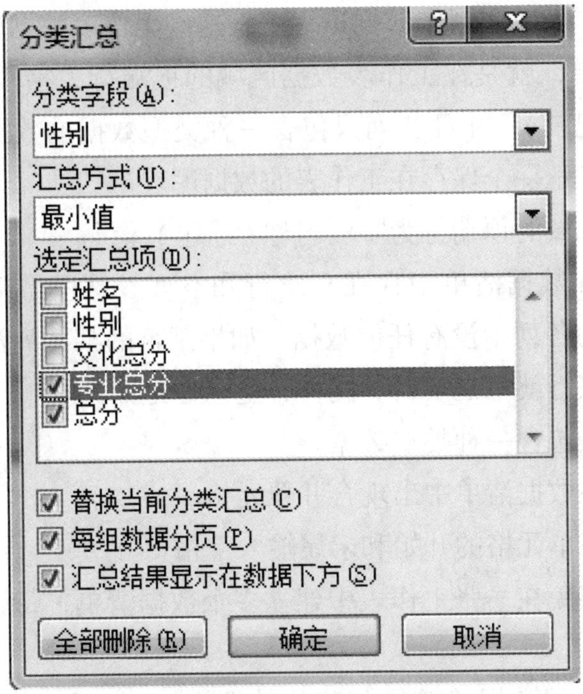

图 4-34 嵌套 (多级) 分类汇总 (三)

1 2 3		A	B	C	D	E
	1	姓名	性别	文化总分	专业总分	总分
	2	小乔	女	284	431	715
	3	大乔	女	286	435	721
	4		女 最小值		431	715
	5	鲁肃	男	273	420	693
	6	诸葛亮	男	273	425	698
	7	刘备	男	268	430	698
	8	文丑	男	269	435	704
	9	黄忠	男	281	439	720
	10		男 最小值		420	693
	11		总计最小值		420	693

图 4-35 嵌套 (多级) 分类汇总 (四)

三、数据透视表

数据透视表是一种让用户可以根据不同的分类、不同的汇总方式，快速查看各种形式的数据汇总报表。简单来说，就是快速分类汇总数据，在处理数据方面非常强大。

注意：以工作表数据制作数据透视表，这些工作表数据必须是一个数据清单。所谓数据清单，就是在工作表数据区域的顶端行为字段名称(标题)，以后各行为数据(记录)，并且各列只包含一种类型数据的数据区域。这种结构的数据区域就相当于一个保存在工作表的数据库。

第一、数据区域的顶端行为字段名称(标题)。

第二、避免在数据清单中存在有空行和空列。这里需指明一下，所谓空行，是指在某行的各列中没有任何数据，如果某行的某些列没有数据，但其他列有数据，那么该行就不是空行。同样，空列也是如此。

第三、各列只包含一种类型数据。

第四、避免在数据清单中出现合并单元格。

第五、避免在单元格的开始和末尾输入空格。

第六、尽量避免在一张工作表中建立多个数据清单，每张工作表最好仅使用一个数据清单。

第七、工作表的数据清单应与其他数据之间至少留出一个空列和一个空行，以便于检测和选定数据清单。

下面通过具体实例，介绍数据透视表的功能。

继续使用"本科上线名单"表格。在使用数据透视表前，需要按照注意事项中的七点进行检查，其中重点检查第二和第三点。

步骤一：选择"插入"菜单栏，点击"数据透视表"图标，选择引用数据区域和放置位置。如图4-36所示。

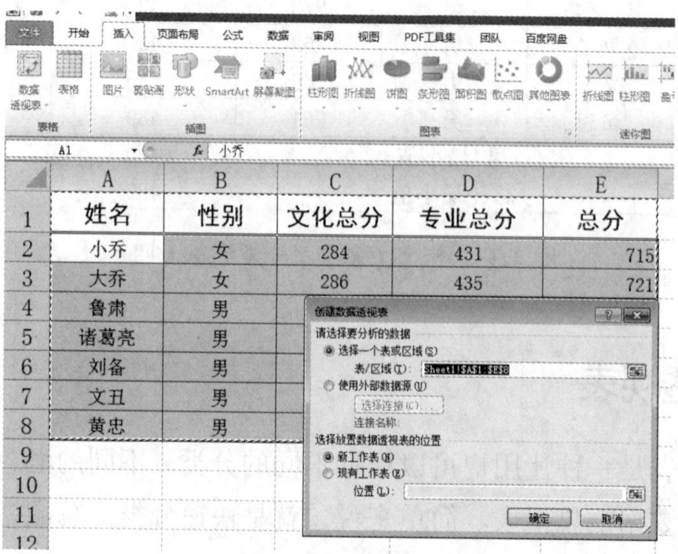

图 4-36 数据透视表（一）

步骤二：点击确认后，Excel 2010 会新建一个 sheet1，如图 4-37 所示。对数据透视表字段列表进行选择。

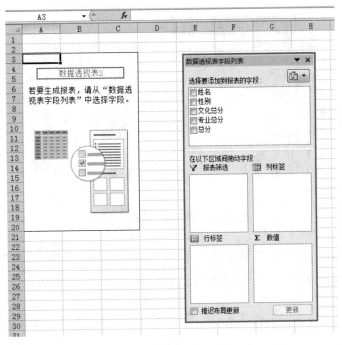

图 4-37　数据透视表（二）

步骤三：左键点击字段列表中"专业总分"这一项，拖曳到下面"行标签"框内，如图 4-38 所示。在数据透视表显示区域内出现如图 4-38 所示内容。

图 4-38　数据透视表（三）

步骤四：依次将"性别"拖到"列标签"框内，"专业总分"拖到"数值"框内。结果如图 4-39 所示。

求和项:专业总分	列标签		
行标签	男	女	总计
大乔		435	435
黄忠	439		439
刘备	430		430
鲁肃	420		420
文丑	435		435
小乔		431	431
诸葛亮	425		425
总计	2149	866	3015

图 4-39　数据透视表（四）

步骤五：通过调整各个框中的字段，可以得到不同的结果。

步骤六：在数值框中，可以进行选择计算，如图 4-40 所示。

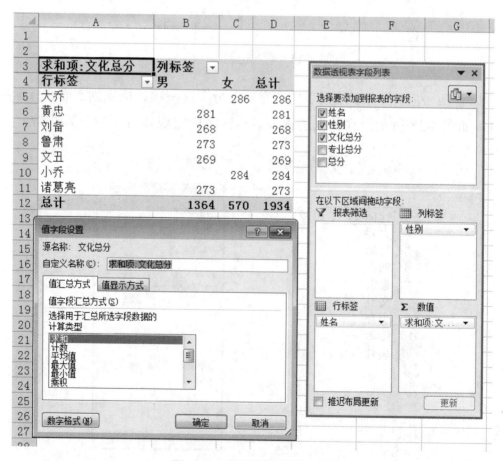

图 4-40　数据透视表（五）

? 练习题

一、判断题

1. 创建数据透视表时默认情况下是创建在新工作表中。（　　　）

2. 在进行分类汇总时一定要先排序。（　　　）

3. 分类汇总进行删除后，可将数据撤销到原始状态。（　　　）

4. Excel 允许用户根据自己的习惯自己定义排序的次序。（　　　）

5. Excel 中不可以对数据进行排序。（　　　）

二、单项选择题

1. 下列关于排序操作的叙述中表述正确的是（　　　）。

A. 排序时只能对数值型字段进行排序，对于字符型的字段不能进行排序

B. 排序可以选择字段值的升序或降序两个方向分别进行

C. 用于排序的字段称为"关键字"，在 Excel 中只能有一个关键字段

D. 一旦排序后就不能恢复原来的记录排列

2. 在"自定义自动筛选方式"对话框中，可以用（　　　）单选框指定多个条件的筛选。

A. !　　　　　　B. 与　　　　　　C. +　　　　　　D. 非

3. 下列序列中，不能直接利用自动填充快速输入的是（　　　）。

A. 星期一、星期二、星期三、……

B. 第一类、第二类、第三类、……

C. 甲、乙、丙、……

D. Mon、Tue、Wed、……

三、多项选择题

1. 要在学生成绩表中筛选出语文成绩在 85 分以上的同学，可通过（　　　）。

A. 自动筛选　　　B. 自定义筛选　　　　C. 高级筛选　　　　　D. 条件格式

2. 有关 Excel 排序表述正确的是（　　　）。

A. 可按日期排序　　　　　　　　　　B. 可按行排序

C. 最多可设置 64 个排序条件　　　　D. 可按笔画数排序

3. 在 Excel 2010 中，若要对工作表的首行进行冻结，下列操作正确的有（　　　）。

A. 光标置于工作表的任意单元格，执行"视图"选项卡下"窗口"功能区

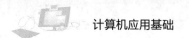
中的"冻结窗格"命令，然后单击其中的"冻结首行"子命令

B. 将光标置于 A2 单元格，执行"视图"选项卡下"窗口"功能区中的"冻结窗格"命令，然后单击其中的"冻结拆分窗格"子命令

C. 将光标置于 B1 单元格，执行"视图"选项卡下"窗口"功能区中的"冻结窗格"命令，然后单击其中的"冻结拆分窗格"子命令

D. 将光标置于 A1 单元格，执行"视图"选项卡下"窗口"功能区中的"冻结窗格"命令，然后单击其中的"冻结拆分窗格"子命令

4. 下列关于 Excel 2010 的"排序"功能，说法正确的有（　　　）。

A. 可以按行排序　　　　　　　　B. 可以按列排序

C. 最多允许有三个排序关键字　　D. 可以自定义序列排序

四、实训操作

根据数据素材制作表格，按指定数据项（性别、年龄、8 月份兼职收入）排序、进行分类汇总和数据透视表制作。数据素材如下：

标题：一年级 A 班学生 8 月份兼职收入统计表

统计要素：姓名、性别、年龄、8 月份兼职收入。

张飞（男、16 岁、1500 元）；关羽（男、17 岁、1000 元）；

孙尚香（女、16 岁、1200 元）；马超（男、16 岁、800 元）；

董卓（男、17 岁、1300 元）；廖化（男、17 岁、500 元）；

黄月英（女、16 岁、1400 元）。

第四节
Excel 2010 的数据图表

Excel2010数据图表

一般来说，使用图表来表示工作表中的数据比较清楚明白，如果要比较工作表中数据与数据之间的差别的话就更加一目了然。图表以工作表的数据为基础，数据的变化，会同时反映到图表中。图表建立后，还可以对其进行修饰，使其更美观。

一、创建图表

在 Excel 2010 中，我们可以通过使用"插入"菜单栏下的图标功能区来建立图表，而建立的图表可以放在使用的数据所在的工作表，也可以放在一个新的工作表中。建立图表的步骤如下。

步骤一：选中用于建立图表的数据，如图 4-41 所示。

	A	B	C	D	E
1	姓名	性别	文化总分	专业总分	总分
2	小乔	女	284	431	715
3	大乔	女	286	435	721
4	鲁肃	男	273	420	693
5	诸葛亮	男	273	425	698
6	刘备	男	268	430	698
7	文丑	男	269	435	704
8	黄忠	男	281	439	720

图 4-41　创建图表（一）

步骤二：单击"插入"菜单下的"图表"下拉菜单。

步骤三：出现"插入图表"对话框，如图 4-42 所示。选中图表模板类型和子图表类型，然后单击"确定"按钮，就会出现如图 4-43 所示的图表结果。

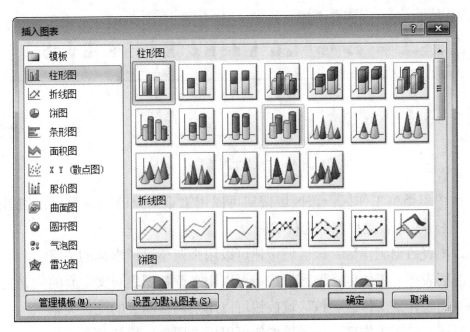

图 4-42　创建图表（二）

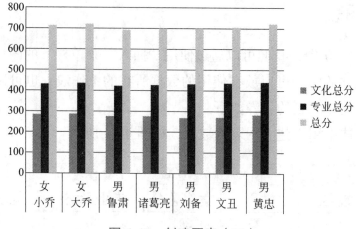

图 4-43　创建图表（三）

二、编辑图表

图表生成后菜单栏会出现"图表工具"和相应功能区域，功能区内按钮可以对其进行编辑，如制作图表颜色、图表布局、表格位置等。下面我们通过三个示意图来了解该功能区内按钮的具体功能。

（一）设计菜单栏

如图 4-44 所示。

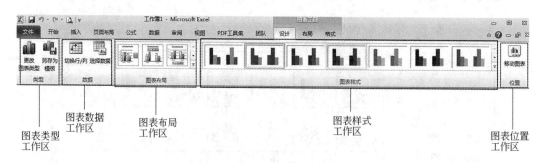

图 4-44　设计菜单栏（一）

① 图表类型工作区：该区域按钮可以用来重新修改图表类型，如图 4-45 所示，将现有图表类型调整为柱状图。

② 图表数据工作区：该区域按钮可以用来调整纵横坐标的关系。

③ 图表布局工作区：该区域按钮可以用来调整图表与文字间的位置关系。

④ 图表样式工作区：该区域按钮可以用来调整图表的配色关系。

⑤ 图表位置工作区：该区域按钮可以用来调整表格位置。

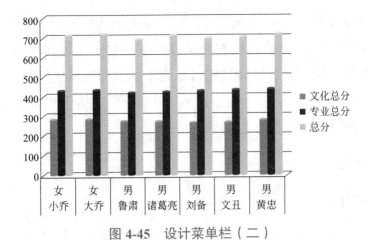

图 4-45 设计菜单栏（二）

（二）布局菜单栏

如图 4-46 所示。

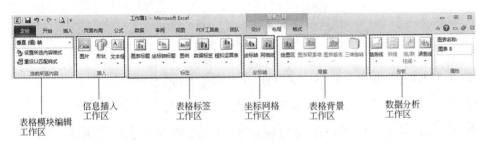

图 4-46 布局菜单栏（一）

① 表格模块编辑工作区：该区域按钮选框可以精确选择图表不同模块并进行编辑。

② 信息插入工作区：该区域按钮可以为图表插入图片、图形、文字等可编辑信息，如图 4-47 所示。

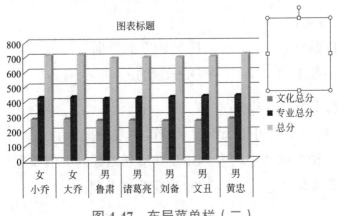

图 4-47 布局菜单栏（二）

③ 表格标签工作区：该区域按钮可以为表格添加不同类型的标签。

④ 坐标网格工作区：该区域按钮可以用来调整坐标与网格线框的参数。

⑤ 表格背景工作区：该区域按钮可以为不同类型表格提供相应可调修背景。

⑥ 数据分析工作区：该区域按钮可以用来分析表格中相应数据趋向，比较适合用来分析有时间性质的数据参数。

（三）格式菜单栏

如图 4-48 所示。

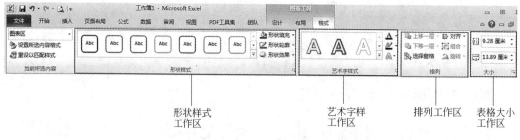

图 4-48　格式菜单栏

① 形状样式工作区：该区域按钮可以调整图表边框形状样式。

② 艺术字样工作区：该区域按钮可以为表格内文字添加艺术字样效果。

③ 排列工作区：该区域按钮可以调整图表之间和图表内部元素的排列关系。

④ 表格大小工作区：通过修改该区域选框数值，可以调整图表大小。

 练习题

一、单项选择题

作为数据的一种表示形式，图表是动态的，当改变了其中（　　　）之后，Excel 会自动更新图表。

A. X 轴上的数据　　　　　　B. Y 轴上的数据

C. 所依赖的数据　　　　　　D. 标题的内容

二、多项选择题

1. 在 Excel 中，下面可用来设置和修改图表的操作有（　　　）。

A. 改变分类轴中的文字内容　B. 改变系列图标的类型及颜色

C. 改变背景墙的颜色　　　　D. 改变系列类型

2. 下列属于 Excel 图表类型的有（　　　）。

A. 饼图　　　　B.XY 散点图　　　　C. 曲面图　　　　D. 圆环图

3. 在 Excel 2010 如何修改已创建图表的图表类型。（　　）

A. 执行"图表工具"区"设计"选项卡下的"图表类型"命令

B. 执行"图表工具"区"布局"选项卡下的"图表类型"命令

C. 执行"图表工具"区"格式"选项卡下的"图表类型"命令

D. 右击图表，执行"更改图表类型"命令

4. 在 Excel 2010 中，关于条件格式的规则有哪些。（　　）

A. 项目选取规则　　　　　　　　B. 突出显示单元格规则

C. 数据条规则　　　　　　　　　D. 色阶规则

三、实训操作

根据数据素材制作表格，按表中的数据制作图表，并对相应项进行标注。数据素材如下：

标题：一年级 A 班学生 8 月份兼职收入统计表

统计要素：姓名、性别、8 月份兼职收入。

张飞（男、1500 元）；关羽（男、1000 元）；孙尚香（女、1200 元）；马超（男、800 元）；董卓（男、1300 元）；廖化（男、500 元）；黄月英（女、1400 元）。

第五节
Excel 2010的页面设置与打印

在完成了各种表格后，可以用打印机将表格打印出来。Excel 2010 提供了方便的打印命令，一般我们先进行打印设置，再进行预览，满意后再打印。

一、打印页面设置

页面设置是打印操作中的重要设置，单击"页面布局"菜单下"页面设置"下拉菜单，弹出"页面设置"对话框如图 4-49 所示。

图 4-49 打印页面设置

（一）页面设置

单击"页面设置"对话框中的"页面"选项卡可以指定打印方向，调整打印的缩放比例，设置纸张大小等。

（二）设置页边距

切换到"页边距"选项卡，设置上、下、左、右页边距，页眉、页脚与页边距的距离，表格内容的居中方式。

（三）页眉页脚的设置

切换到"页眉 / 页脚"选项卡，如图 4-50 所示，在"页眉"下拉组合框中可以设置预先设置好的页眉、页脚，如"第一页""机密"等。

如果要自己定义页眉、页脚，则可单击"自定义页眉"按钮或"自定义页脚"按钮来设置。

单击"自定义页眉"按钮后，屏幕显示"页眉"对话框，如图 4-51 所示。

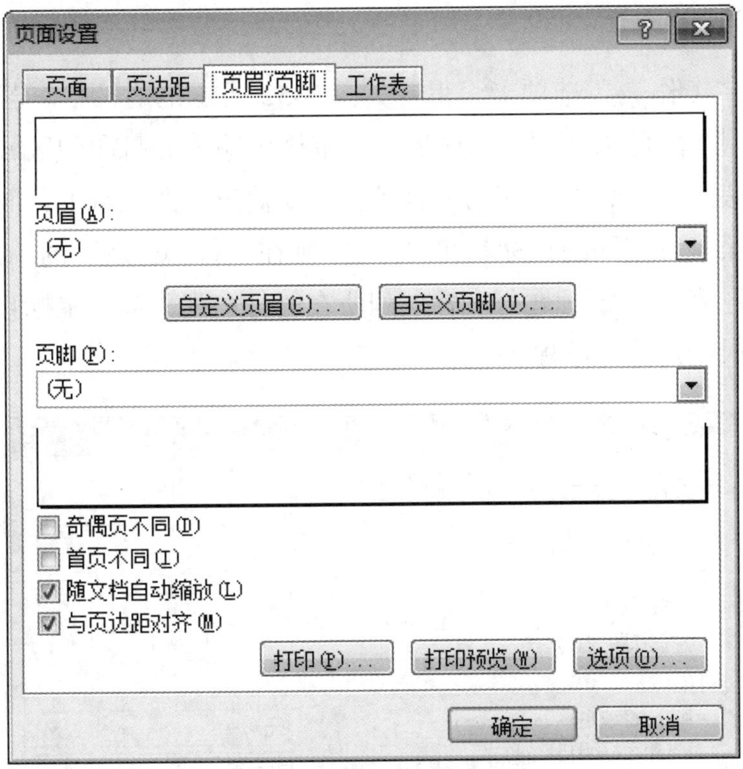

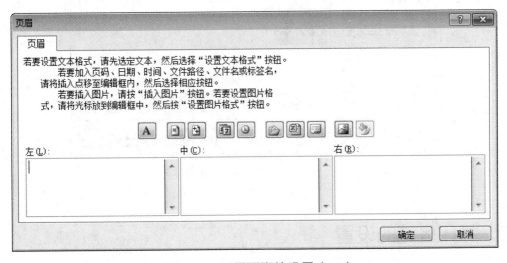

图 4-50　页眉页脚的设置（一）

图 4-51　页眉页脚的设置（二）

　　我们可以按照屏幕提示的内容去做，选择左、中、右 3 个编辑框键入页眉的内容。编辑框上方有一排 10 个按钮，功能依次为"字符格式化""插入页码""插入总页数""插入日期""插入时间""插入文件路径""插入文件名""插入工作表标签""插入图片""设置图片格式"等。

（四）工作表的设置

切换到"工作表"选项卡，得到如图 4-52 所示的对话框。若只打印工作表的某个区域，则可以在"打印区域"文本框中输入要打印的区域，或用鼠标直接在工作表上选取；若打印的内容较长，要输出到两张纸上，而又希望在第二页上有与第一页相同的行标题和列标题，则在"打印标题"的"顶端标题行"和"左端标题列"指定标题行和标题列所在的行和列，或由鼠标直接在工作表中选取；同时指定打印顺序等。

图 4-52　工作表的设置

二、打印区域的设置

在 Excel 2010 中可以设置打印区域，从而用户可以控制只将工作表的某一部分打印出来。设置打印区域的步骤如下。

步骤一：选定打印区域所在的工作表。

步骤二：拖动鼠标选定所需打印的工作表区域，选定的区域将以蓝色显示，如图 4-53 所示。

步骤三：单击"文件"菜单的"打印"命令，在弹出菜单中选取"打印活动工作表"选项，就把选定的区域设置为"打印选定区域"。

图 4-53 打印区域的设置

三、输出打印

单击"文件"菜单中的"打印"命令，屏幕显示打印预览状态。在对话框中，我们可以在屏幕右下角按"缩放"按钮，放大打印的情况，按"页边距"按钮，观察打印内容在一页中的位置，如图 4-54 所示。通过设置"页数"后的数字，可以调整文件的打印范围，在"份数"栏输入打印份数。当符合用户的要求后，单击"打印"按钮即可打印。

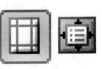

图 4-54 打印

? 练习题

一、选择题

在 Excel 中，可以通过临时更改打印质量来缩短打印工作表所需的时间，下面哪些方法可以加快打印作业。（   ）

A. 以草稿方式打印　　　　B. 以黑白方式打印

C. 不打印网格线　　　　　D. 降低分辨率

二、实训操作

按指定要求设置页面并输出打印。

自我评价表

评价模块 知识点	知识与技能			作业实操			体验与探索		
	熟练掌握	一般认识	简单了解	独立完成	合作完成	不能完成	收获很大	比较困难	不感兴趣
Excel 2010 工作簿的创建	☐	☐	☐	☐	☐	☐	☐	☐	☐
Excel 2010 的公式与函数	☐	☐	☐	☐	☐	☐	☐	☐	☐
数据处理与分析	☐	☐	☐	☐	☐	☐	☐	☐	☐
Excel 2010 的数据图表	☐	☐	☐	☐	☐	☐	☐	☐	☐
Excel 2010 的页面设置与打印	☐	☐	☐	☐	☐	☐	☐	☐	☐
疑难问题									
学习收获									

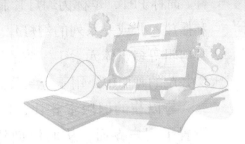

第五章
PowerPoint 2010 的应用

学习目标

- 了解 PowerPoint 2010 软件的特点和作用
- 掌握 PowerPoint 2010 软件的基本操作功能
- 能够使用 PowerPoint 2010 制作常用的办公
演示文稿

PowerPoint 2010 是 office 2010 套装软件中专门进行幻灯片制作的应用软件，简称 PPT，也称为幻灯片制作演示软件。利用 PowerPoint 2010 制作、编辑和播放一张或一系列的幻灯片。能够制作出集文字、图形、图像、声音以及视频剪辑等多媒体元素于一体的演示文稿，把用户所要表达的信息组织在一组图文并茂的画面中，用于介绍公司的产品、展示自己的学术成果。

与以往的旧版本相比，PowerPoint 2010 具有新颖而崭新的外观，重新设置了用户界面，从而使创建、演示和共享演示文稿成为更方便快捷的体验。PowerPoint 2010 继承了 Windows 操作系统友好的图形用户界面、"所见即所得"的幻灯片编辑方式，让用户能够轻松、快捷地制作出各式各样的幻灯片。

PowerPoint 2010 与前面介绍的 Word 2010 和 Excel 2010 有着许多共同点，在操作上有许多相通之处，有了 Word 2010 和 Excel 2010 的基础，可以更容易地掌握 PowerPoint 2010 的操作。

演示文稿的创建

一、PowerPoint 2010 的工作界面

PowerPoint 2010 的工作界面由快速访问标题栏、工具栏、选项卡、功能区、大纲 / 幻灯片浏览窗格、幻灯片编辑窗格、备注窗格、视图按钮、显示比例按钮、状态栏等部分组成（如图 5-1 所示）。

（一）标题栏

标题栏显示当前演示文稿文件名，右端有"最小化"按钮、"最大化 / 还原"按钮和"关闭"按钮，最左端有控制菜单图标，单击控制菜单图标可以打开控制菜单。

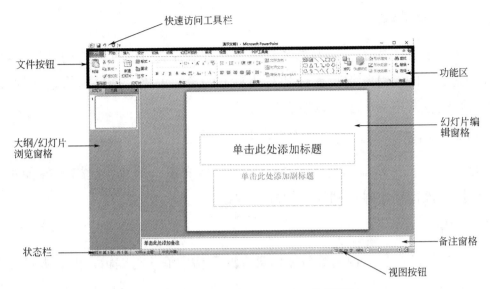

图 5-1　**PowerPoint 2010 工作界面**

（二）快速访问工具栏

快速访问工具栏位于标题栏左端，把常用的几个命令按钮放在此处，便于快速访问。通常有"保存""撤销"和"恢复"等按钮，需要时用户可以增加或更改。

（三）选项卡

标题栏下面是选项卡，通常有"文件""开始""插入"等 9 个不同类别的选项卡，不同选项卡包含不同类别的命令按钮组。单击某选项卡，将在功能区出现与该选项卡类别相应的多组操作命令供选择。例如，单击"文件"选项卡，可以在出现的菜单中选择"新建""保存""打印""打开"演示文稿等操作指令。

有的选项卡平时不出现，在某种特定条件下会自动显示，提供该情况下的命令按钮。这种选项卡称为"上下文选项卡"。例如，只有在幻灯片插入某一图片，然后选择该图片的情况下才会显示"图片工具 - 格式"选项卡。

（四）功能区

功能区用于显示与选项卡相应的命令按钮，一般对各种命令分组显示。例如，单击"开始"选项卡，其功能区将按"剪贴板""幻灯片""字体""段落""绘图""编辑"等分组，分别显示各组操作命令。

（五）演示文稿编辑区

功能区下方的演示文稿编辑区分为三个部分：左侧的大纲/幻灯片浏览窗格、右侧上方的幻灯片编辑窗格和右侧下方的备注窗格。拖动窗格之间的分界线可以调整各窗格的大小，以便满足编辑需要。

1. 幻灯片编辑窗格

幻灯片编辑窗格显示幻灯片的内容，包括文本、图片、表格等各种对象。可以直接在该窗格中输入和编辑幻灯片内容。

2. 备注窗格

对幻灯片的解释、说明等备注信息在此窗格中输入与编辑，供演讲者参考。

3. 大纲/幻灯片浏览窗格

大纲/幻灯片浏览窗格上方有"幻灯片"和"大纲"两个选项卡。单击"窗格的幻灯片"选项卡，可以显示各幻灯片缩略图，在"幻灯片"选项卡下，可以一同显示 6 张幻灯片的缩略图，当前幻灯片是第一张幻灯片。单击某幻灯片缩略图，将立即在幻灯片窗格中显示该幻灯片。在这里还可以轻松地重新排列、添加或删除幻灯片。在"大纲"选项卡中，可以显示各幻灯片的标题与正文信息。在幻灯片中，编辑标题或正文信息时，大纲窗格也同步变化。在"普通"视图下，这三个窗格同时显示在演示文稿编辑区，用户可以同时看到三个窗格的显示内容，有利于从不同角度编排演示文稿。

（六）视图按钮

视图是当前演示文稿的不同显示方式。为了方便地切换各种不同视图，可以使用"视图"选项卡中的命令，也可以利用窗口底部右侧的视图按钮，单击某个按钮就可以方便地切换到相应视图。

（七）显示比例按钮

显示比例按钮位于视图按钮右侧，单击该按钮，可以在弹出的"显示比例"对话框中选择幻灯片的显示比例，拖动其右方的滑块，也可以调节显示比例。

（八）状态栏

状态栏位于窗口底部左侧，在"普通"视图中，主要显示当前幻灯片的序号、当前演示文稿幻灯片的总数、采用的幻灯片主题和输入法等信息。在幻灯片浏览视图中，只显示当前视图、幻灯片主题和输入法。

二、建立演示文稿

（一）建立空白演示文稿

（1）启动 PowerPoint 2010 自动创建空演示文稿：无论是使用"开始"按钮启动 PowerPoint 2010，还是通过桌面快捷图标或通过现有演示文稿启动，都将自动打开空演示文稿。

（2）使用"文件"按钮创建空演示文稿：单击"文件"按钮，在弹出的菜单中选择"新建"命令，打开 Backstage 视图，在中间的 [可用的模板和主题]列表框中选择"空白演示文稿"选项，然后单击"创建"按钮即可（如图 5-2所示）。

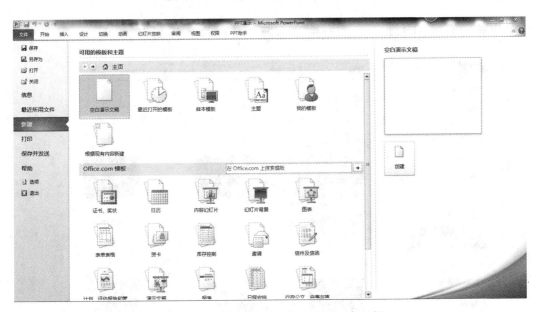

图 5-2　创建"空白演示文稿"选项栏

（二）根据主题模板新建演示文稿

PowerPoint 2010 会给用户提供许多不同种类的主题样式，用户可以通过主题创建新的演示文稿，从而直接应用该主题样式。

具体操作步骤如下。

步骤一：如图 5-3 所示，单击"文件"选择"新建"找到"可用的模板和主题"。

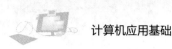

图 5-3 "可用的模板和主题"选项栏

步骤二：如图 5-4 所示，点击"主题"或"样本模板"按钮。

图 5-4 "主题模板"选择栏

步骤三：选择到需要的模板，双击图标即可使用。

（三）根据现有演示文稿新建演示文稿

如果需要将演示文稿的风格统一，那么可以根据现有内容快速创建演示文稿。

1. 执行"根据现有内容新建"命令

具体操作步骤如下。

步骤一：单击"文件"选择"新建"。

步骤二：单击"可用的模板和主题"

选择"根据现有内容新建"。

步骤三：点击选择需要的演示文稿，点击"新建"即可（如图 5-5 所示）。

图 5-5　"根据现有内容新建"选项栏

2. 将现有 PowerPoint 演示文稿设为模板

具体操作步骤如下。

步骤一：点击左上角工具栏的"文件"，选择"另存为"。

步骤二：点击"浏览"，弹出浏览窗口。

步骤三：选择保存类型为 PPT 模板即可，不需要改变保存路径。

步骤四：再次打开 PPT，即可找到自己已经保存过的模板（如图 5-6 所示）。

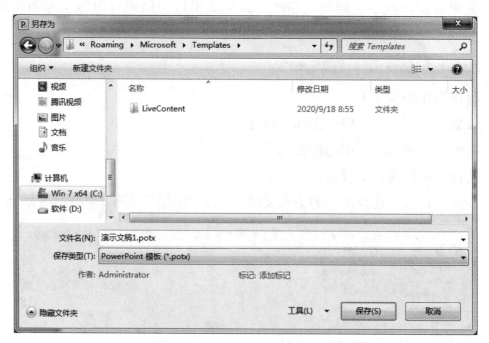

图 5-6　将现有 PowerPoint 演示文稿设为模板操作页面

三、保存PowerPoint演示文稿

具体操作步骤如下。

步骤一：单击左上角"快速访问工作栏"中的保存按键 <Ctrl+S>。

步骤二：在打开的"另存为"对话框中设置保存路径及文件名，单击"保存"按钮即可保存文件。

注意：文稿文件第一次保存时，会出现如图 5-7 所示的对话框，在"保存类型"后面的窗格内选择所要保存文稿的类型，在"文件名"后面的窗格内输入一个文件名，再单击"保存"按钮即可。

在退出 PowerPoint 2010 窗口时，正在编辑的文件没有被保存，则会弹出一个警告对话框，如图 5-8 所示，若单击"保存"按钮，保存文件后退出 PowerPoint 2010 窗口；若单击"不保存"按钮，不保存文件直接退出 PowerPoint 2010 窗口，文件修改的数据将丢失；若单击"取消"按钮，取消退出 PowerPoint 2010 窗口。

图 5-7　保存选项栏

图 5-8　退出 PowerPoint 2010 窗口

练习题

一、选择题

1. PowerPoint 2010 是（　　　）。

A. 数据库管理软件

B. 文字处理软件

C. 电子表格软件

D. 幻灯片制作软件（或演示文稿制作软件）

2. PowerPoint 2010 演示文稿的扩展名是（　　　）。

A. psdx　　　　　　B. ppsx　　　　　C. pptx　　　　　D. pbsx

3. 演示文稿的基本组成单元是（　　　）。

A. 图形　　　　　B. 幻灯片　　　C. 超链点　　　D. 文本

4. PowerPoint 中主要的编辑视图是（　　　）。

A. 幻灯片浏览视图　　　　　　B. 普通视图

C. 幻灯片放映视图　　　　　　D. 备注视图

5. 在 PowerPoint 2010 各种视图中，可以同时浏览多张幻灯片，便于重新排序、添加、删除等操作的视图是（　　　）。

A. 幻灯片浏览视图　　　　　　B. 备注页视图

C. 普通视图　　　　　　　　　D. 幻灯片放映视图

6. 若用键盘按键来关闭 PowerPoint 窗口，可以按（　　　）键。

A. Alt+F4　　　　B. Ctrl+X　　　　C. Esc　　　　D. Shift+F4

7. 将编辑好的幻灯片保存到 Web，需要进行的操作是（　　　）。

A. "文件"选项卡中，在"保存并发送"选项中选择

B. 直接保存幻灯片文件

C. 超级链接幻灯片文件

D. 需要在制作网页的软件中重新制作

8. 在 PowerPoint 2010 中，若需将幻灯片从打印机输出，可以用下列快捷键（　　　）。

A. Shift+P　　　　B. Shift+L　　　　C. Ctrl+P　　　　D. Alt+P

9. 下列不是 PowerPoint 2010 视图的是（　　　）。

A. 普通视图　　　　　　　　　B. 幻灯片视图

C. 备注页视图　　　　　　　　D. 大纲视图

二、实训操作

新建一个文稿型三页演示文稿并对演示文稿进行保存。

第二节

编辑幻灯片

通过对演示文稿中的对象（文字、图片、艺术字、形状、表格、声音、视频等）进行编辑，可以发挥多种媒体的各自特点，使演示文稿更加生动、形象，

提高它的吸引力和感染力，进一步增强播放演示的效果。

一、幻灯片基本操作

（一）添加新幻灯片

主要有以下几种方法。

方法一：单击"开始"选项卡"幻灯片"组中的"新建幻灯片"按钮，或使用 <Ctrl+M> 快捷键，均可在当前幻灯片之后或两张幻灯片之间插入一张与原版式相同的幻灯片。

若插入不同版式的幻灯片，单击"新建幻灯片"下拉按钮，弹出下拉列表，从中选择一种版式，即在选定幻灯片之后或两张幻灯片之间插入该版式的幻灯片。

方法二：在普通视图的大纲或幻灯片窗格中右击，然后在弹出的快捷菜单中选择"新建幻灯片"命令，如图 5-9。

图 5-9　新建幻灯片

（二）选定幻灯片

在操作幻灯片之前，首先要选定幻灯片。

（1）选定单张幻灯片：在普通视图的大纲或幻灯片窗格中，和在幻灯片浏览视图中，单击需要的幻灯片。

（2）选择编号相连的多张幻灯片：单击起始编号的幻灯片，然后按下 <Shift> 键，再单击结束编号的幻灯片。

（3）选择编号不相连的多张幻灯片：在按下 <Ctrl> 键的同时，依次单击需要选择的每张幻灯片，此时被单击的多张幻灯片同时选定。在按下 <Ctrl> 键的同时再次单击已被选中的幻灯片，则该幻灯片被取消选定。

（三）移动幻灯片

常用操作方法有以下三种。

方法一：在大纲／幻灯片窗格选择目标幻灯片单页，点击鼠标右键弹出菜单，选择"剪切"命令和"粘贴"命令，如图 5-10。

方法二：选中需要移动的幻灯片，在"开始"菜

图 5-10　剪切与粘贴

单栏的"剪贴板"工作区中单击"剪贴"按钮，在需要移动的目标位置中单击，然后在"开始"选项卡的"剪贴板"工作区中单击"粘贴"按钮。

方法三：在普通视图或幻灯片浏览视图中，直接拖动要移动的幻灯片到新的位置，拖动过程中有一条水平的直线指出当前移到的位置。

（四）复制幻灯片

在制作演示文稿时，有时会需要两张内容基本相同的幻灯片。此时，可以利用幻灯片的复制功能，复制出一张相同的幻灯片，然后对其进行适当的修改。复制幻灯片常用的操作方法有以下三种。

方法一：在大纲/幻灯片窗格选择目标幻灯片单页，点击鼠标右键弹出菜单，选择"复制"命令和"粘贴"命令，如图5-11。

方法二：在"开始"菜单栏的"剪贴板"工作区中单击"复制"按钮和"粘贴"按钮，如图5-12。

方法三：在普通视图或幻灯片浏览视图中，拖动要复制的幻灯片，并按住<Ctrl>键，到目标位置先释放鼠标，然后松开按键。

图 5-11　复制与粘贴

图 5-12　开始菜单里的复制

（五）调整和删除幻灯片

当用户对当前幻灯片的排序位置不满意时，可以随时对其进行调整。只要将其拖放到适当的位置即可。幻灯片被移动后，PowerPoint 2010会自动对所有幻灯片重新编号。

另外，在演示文稿中删除多余幻灯片是清除大量冗余信息的有效方法。删除幻灯片的常用操作方法有以下三种。

方法一：选定要删除的幻灯片，按 <Delte> 键。

方法二：右击要删除的幻灯片，选择快捷菜单中的"删除幻灯片"命令，如图 5-13。

方法三：选定要删除的幻灯片，按 <Ctrl+X> 键，剪切幻灯片。

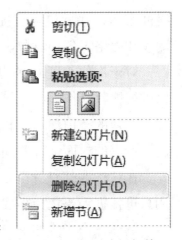

图 5-13　删除幻灯片

（六）隐藏幻灯片

有时根据需要不能播放所有幻灯片，用户可将某几张幻灯片隐藏起来，而不必将这些幻灯片删除，被隐藏的幻灯片在放映时不播放。

（1）隐藏幻灯片：选定要隐藏的幻灯片，选择"幻灯片放映"菜单栏"设置"工作区，点击"隐藏幻灯片"按钮。此时，在普通视图的幻灯片窗格中或幻灯片浏览视图状态下，幻灯片的编号上有"\"标记，标志该幻灯片被隐藏，如图 5-14。

（2）取消隐藏：选定要取消隐藏的幻灯片，再次点击"设置"工作区"隐藏幻灯片"按钮即可。

图 5-14　隐藏幻灯片

二、幻灯片版式设计

文字、图表、组织结构图及其他可插入元素，都是以对象的形式出现在幻灯片中的。通过在幻灯片中巧妙地安排各个对象的位置，能够更好地达到吸引观众注意力的目的。

PowerPoint 2010 中通过幻灯片版式设计来完成这些对象的布局。

PowerPoint 2010 提供了许多种版式，这些版式中包含了许多占位符，用虚线框表示，并且包含有提示文字。这些虚线框中可以容纳标题、文字、图片、图表和表格等各种对象。

对于占位符可以移动它的位置，改变它的大小，对于不需要的占位符还可以进行删除操作，占位符在幻灯片放映时不显示。

新建的空白演示文稿通常采用"标题幻灯片"版式作为第一张幻灯片。如同一本书的封面，说明演示的主题与目的。

在"标题幻灯片"之后添加的幻灯片默认情况下是"标题和内容"版式，用户可根据需要选择需要的版式，如图 5-15 所示。

具体操作步骤如下。

步骤一：选定要修改版式的幻灯片；

步骤二：单击"开始"菜单栏下"幻灯片"工作区中"版式"按钮，在弹出的"office 主题"中，单击所需版式即可。

图 5-15 "标题和内容"版式选项栏

三、文字的输入与编辑

在 PowerPoint 2010 中，不能直接在幻灯片中输入文字，只能通过文本占位符或文本框来添加文本。PowerPoint 中对文本进行删除、插入、复制、移动以及文本字体格式化等的操作，与在 Word 中的操作方法类似。

（1）文本框是一种可移动、可调整大小的文字或图形容器，其特点与占位符非常相似。使用文本框可以在幻灯片中放置多个文字块，实现在幻灯片中的任意位置添加文字信息的目的。

（2）点击"插入"菜单栏下的"文本框"按钮，可以选择横排或竖排如图 5-16 所示；激活文本框区域，可以在其中输入文字；在幻灯片空白处单击，即可结束文字编辑状态。

图 5-16 插入"文本框"选项栏

四、插入图片、图形、艺术字

PowerPoint 2010 也可以在幻灯片上插入图片、图形和艺术字等（如图 5-17 所示）。

图 5-17 "插入"工具栏

（一）拖拽插入图片

用鼠标将所需要的图片拖拽进 PowerPoint 2010 软件中，调整至合适的大小即可。

（二）单击"图片"插入

单击"插入"选项卡，在"图像"组中单击"图片"按钮，在弹出的"插入图片"对话框中找到图片保存的位置，选择要插入的图片，单击"插入"，如图 5-18 所示；或在"插入图片"对话框中，按着 <shift> 键鼠标分别选择首尾两张图片，可以选择它们之间连续的多个图片，然后单击"插入"，或在"插入图片"对话框中，按 <Ctrl> 键，鼠标可以分别选中不连续的图片，然后单击"插入"，多张图片同时插入到幻灯片时它们叠在一起，调整一下图片大小，分别把它们移动到合适的位置，如果幻灯片版式中有几个图片占位符，同时插入几张图片，图片自动插入到图片占位符中。

图 5-18　插入"图片"选项栏

（三）插入艺术字

艺术字是一种特殊的图形文字，常被用来表现幻灯片的标题文字。用户既可以像对普通文字一样设置其字号、加粗、倾斜等效果，也可以像图形对象那样设置它的边框、填充等属性，还可以对其进行大小调整、旋转或添加阴影，三维效果艺术字是一种特殊的图形文字，常被用来表现幻灯片的标题等。

如图 5-19 所示，单击"插入"菜单栏下的"艺术字"下拉按钮，在下拉列表中选择所需的样式，即可在幻灯片中插入艺术字。

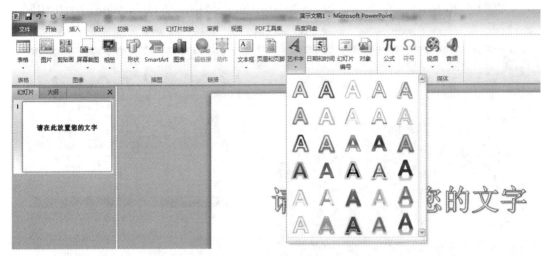

图 5-19　插入"艺术字"选项栏

（四）插入图形

向幻灯片中插入图形对象主要是指插入剪贴画、形状、SmartArt 图形和图片等，其插入方法主要有两种：一是利用图形占位符，二是利用"插入"功能区的对应命令按钮。

方法一：利用图形占位符。

在"版式"下拉列表框中，选择一种带有图形占位符的版式并单击，即应用到当前幻灯片中。单击其中的任意一个图标，即在占位符中插入相应的对象。例如，单击"插入剪贴画"图标，弹出"剪贴画"任务窗格，从中搜索某一类型的剪贴画，在搜索列表框中单击需插入的剪贴画，即将该剪贴画插入当前幻灯片的该占位符中。

方法二：利用"插入"功能区的"图片"按钮、"剪贴画"按钮、"形状"按钮、SmartArt 按钮等均可向幻灯片中插入相应的图形对象。

向幻灯片中插入对象的方法不是唯一的，可以用其他的方法完成。向幻灯片中插入各种对象的操作与 Word 2010 中操作相似，可仿照 Word 2010 中操作向幻灯片中插入对象。另外，幻灯片中的文本框、表格、图形等对象同样可以进行编辑、格式化，其操作与 Word 中的操作相同。

五、插入表格和图表

（一）插入表格

如图 5-20 所示，在 PowerPoint 2010 中插入表格的方法与 Word 2010 相同。

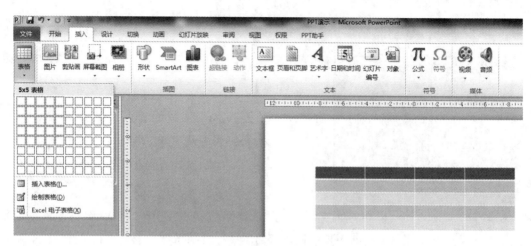

图 5-20 "表格"选项栏

PowerPoint 2010 还可以按以下步骤将已有的 Word 表格或 Excel 工作表直接插入到幻灯片中加以利用。

步骤一：启动 Excel 2010，打开要使用的工作簿的工作表，选定要复制的单元格区域。

步骤二：切换到 PowerPoint 2010 窗口，选定需要添加表格的幻灯片。

步骤三：选择"开始"菜单下"粘贴"按钮即可。

（二）插入图表

1. 数据输入

在 PowerPoint 2010 中，我们可以通过使用"插入"菜单栏下的图标功能区来建立图表，而建立的图表步骤与 Excel 2010 建立图表相关，具体步骤如下。

步骤一：单击"插入"菜单下的"图表"下拉菜单。

步骤二：出现"插入图表"的对话框，如图 5-21。选中图表模板类型和子图表类型，然后单击"确定"按钮，就会激活 Excel 2010。

步骤三：根据前文提到的 Excel 2010 表格图文建立方式就可以在 PowerPoint 2010 生成相关图表。

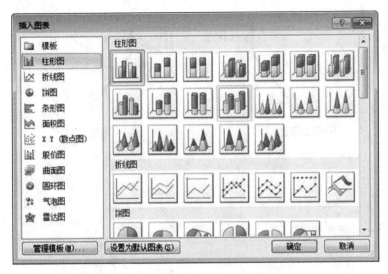

图 5-21　图表选择对话框

2. 布局设置

打开 PowerPoint 2010，点击进入"设计"工具栏，进入幻灯片"设计"工具栏后，在左上角就可以看到幻灯片"页面设置"按钮，点击可以进入幻灯片大小设置页面了，如图 5-22。

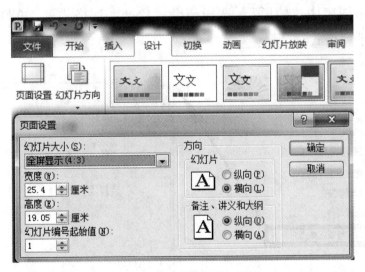

图 5-22　布局设置选项栏

3. 字体设置

右键单击已编辑文本，会出现字体设置框，可以对文字进行设置编辑，如图 5-23 所示。也可以通过"开始"菜单下的字体工作区相关按钮对文本进行修改。

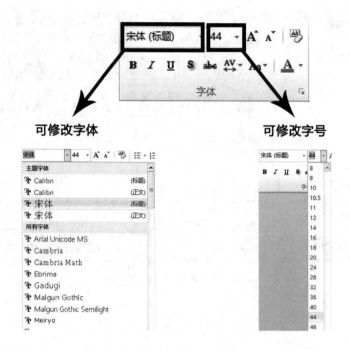

图 5-23　字体设置框

4. 格式设置

右键单击图表中"柱形"，选择"设置数据系列格式"，如图 5-24 所示出现设置数据系列格式对话框。

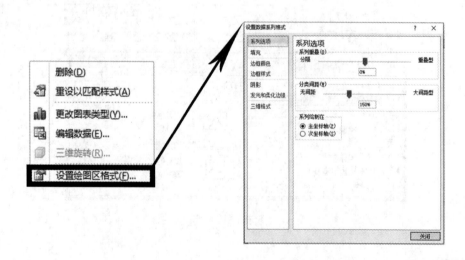

图 5-24　"设置数据系列格式"对话框

5. 修改图表样式

单击图表，可以弹出"图表工具"工具栏，在"图表工具"工具栏中我们可以对图表标题、图例、坐标轴等进行修改（如图 5-25 所示）。

图 5-25　"图表工具"工具栏

以删除柱状图中的"网格线""纵坐标轴"为例。如图 5-26 所示，左键单击图表，进入"图表工具"，选择"布局"，点击"网格线"下拉选择不显示网格线。删除"纵坐标轴"同删除"网格线"操作相同。

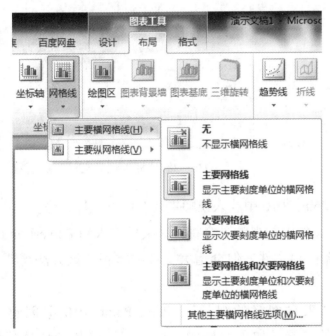

图 5-26　删除图表"纵坐标轴"和"网格线"

六、插入视频和音频

在演示文稿中可以插入 WAV、MID、WMA、AVI、MOV、MPG 和 FLASH（SWF）等格式的音频和视频文件，从而提高演示文稿的表现力和趣味性，增加演示文稿的吸引力。

在 PowerPoint 2010 中插入视频文件和音频文件的操作方法基本一样。

插入视频和音频

（一）插入视频

1. 操作步骤

步骤一：如图 5-27 所示，单击"插入"菜单栏下媒体工作区的"视频"按钮。

步骤二：在打开的"文件中的视频"对话框中，选择影片文件，单击"插入"按钮，如图 5-28 所示。

图 5-27 "插入"选项卡

图 5-28 "插入视频文件"对话框

注意：在 PowerPoint 2010 中放入视频主要有以下三种方法。

方法一：插入"文件中的视频"会将视频文件嵌入到 PowerPoint 2010 中，播放时不依赖于外部视频文件，但会增大文件的体积。该方法需要下载相关插件。

方法二：插入"来自网络的视频"，PowerPoint 2010 会创建一个指向视频文件当前位置的链接。如果之后网站更改了该影片的位置或断网，则 PowerPoint 2010 将找不到文件。

方法三：通过超级链接添加外部视频文件，因此为避免文件管理混乱，通常将视频源文件复制到演示文稿所在的文件夹。

2. 播放设置

在"视频工具播放"选项栏中（图 5-29），"书签"工具可以标记观看进度；"编辑"工具可以将插入的视频剪辑到你所需要播放的片段；"音量"工具调整视频的音量；"视频选项"工具可以设置视频在幻灯片内播放的模式和动作。

图 5-29 "视频工具播放"选项栏

（二）插入音频

1. 选择音频

如图 5-30 所示单击插入功能区"音频"图标，在菜单中选择"文件中的音频"，找到需要的音频，点击插入即可。

图 5-30 "插入"选项卡

注意：插入音频也可以选择"剪贴画音频"使 PPT 变得有声有色，也可以插入"录制音频"，在 PPT 中直接录制声音。

2. 播放设置

在"音频工具播放"选项栏中（图 5-31），"书签"工具可以标记播放进度；"编辑"工具可以将插入的音频剪辑到你所需要播放的片段；"音量"工具调整音频的音量；"音频选项"工具可以设置音频在幻灯片内播放的模式和动作。

图 5-31 "书签"与"音频选项栏"

3. 背景音乐

想要对 PPT 添加背景音乐可以通过动画进行相关的设置，选中"动画"中"动画窗格"。在"动画窗格"中，点击你添加的音乐，右键，在下拉菜单中，你会看到很多设置，一般情况下，选择效果选项，如图 5-32。效果的相关设置：开始播放、停止播放、增强。

图 5-32　背景音乐设置栏

 练习题

一、选择题

1. 在 PowerPoint 2010 浏览视图下，按住 Ctrl 键并拖动某幻灯片，可以完成的操作是（　　　）。

　A. 移动幻灯片　　　　　　　　B. 复制幻灯片

　C. 删除幻灯片　　　　　　　　D. 选定幻灯片

2. 在 PowerPoint 2010 幻灯片浏览视图中，选定多张不连续幻灯片，在单击选定幻灯片之前应该按住（　　　）。

　A. Alt　　　　　　B. Shift　　　　　　C. Tab　　　　　　D. Ctrl

3. 在 PowerPoint 2010 的普通视图下，若要插入一张新幻灯片，其操作为（　　　）。

　A. 单击"文件"选项卡下的"新建"命令

　B. 单击"开始"选项卡→"幻灯片"组中的"新建幻灯片"按钮

　C. 单击"插入"选项卡→"幻灯片"组中的"新建幻灯片"按钮

　D. 单击"设计"选项卡→"幻灯片"组中的"新建幻灯片"按钮

4. 在 PowerPoint 2010 环境中，插入一张新幻灯片的快捷键是（　　　）。

A. Ctrl+N　　　　B. Ctrl+M　　　C. Alt+N　　　　D. Alt+M

5. 在 PowerPoint 2010 "文件"选项卡中的"新建"命令的功能是建立（　　　）。

A. 一个演示文稿　　　　　　　B. 插入一张新幻灯片

C. 一个新超链接　　　　　　　D. 一个新备注

6. 当保存演示文稿时（例如单击快速访问工具栏中"保存"按钮），出现"另存为"对话框，则说明（　　　）。

A. 该文件保存时不能用该文件原来的文件名

B. 该文件不能保存

C. 该文件未保存过

D. 该文件已经保存过

7. 单击 PowerPoint 2010 "文件"选项卡下的"最近所用文件"命令，所显示的文件名是（　　　）。

A. 正在使用的文件名

B. 正在打印的文件名

C. 扩展名为 PPTX 的文件名

D. 最近被 PowerPoint 软件处理过的文件名

8. 在 PowerPoint 2010 中，在普通视图下删除幻灯片的操作是（　　　）。

A. 在"幻灯片"选项卡中选定要删除的幻灯片（单击它即可选定），然后按 Delete 键

B. 在"幻灯片"选项卡中选定幻灯片，再单击"开始"选项卡中的"删除"按钮

C. 在"编辑"选项卡下单击"编辑"组中的"删除"按钮

D. 以上说法都不正确

9. PowerPoint 2010 中，要隐藏某个幻灯片，则可在"幻灯片"选项卡中选定要隐藏的幻灯片，然后（　　　）。

A. 单击"视图"选项卡→"隐藏幻灯片"命令按钮

B. 单击"幻灯片放映"选项卡→"设置"组中"隐藏幻灯片"命令按钮

C. 右击该幻灯片，选择"隐藏幻灯片"命令

D. 左击该幻灯片，选择"隐藏幻灯片"命令

10. 在新增一张幻灯片操作中，可能的默认幻灯片版式是（　　　）。

A. 标题幻灯片　　　　　　　B. 标题和竖排文字

C. 标题和内容　　　　　　　D. 空白版式

11. 如果对一张幻灯片使用系统提供的版式，对其中各个对象的占位符（　　　）。

　　A. 能用具体内容去替换，不可删除

　　B. 能移动位置，也不能改变格式

　　C. 可以删除不用，也可以在幻灯片中插入新的对象

　　D. 可以删除不用，但不能在幻灯片中插入新的对象

12. 在 PowerPoint 2010 中，若要更换另一种幻灯片的版式，下列操作正确的是（　　　）。

　　A. 单击"插入"选项卡"幻灯片"组中"版式"命令按钮

　　B. 单击"开始"选项卡"幻灯片"组中"版式"命令按钮

　　C. 单击"设计"选项卡"幻灯片"组中"版式"命令按钮

　　D. 以上说法都不正确

13. 在 PowerPoint 2010 中，将某张幻灯片版式更改为"垂直排列标题与文本"，应选择的选项卡是（　　　）。

　　A. 文件　　　　B. 动画　　　C. 插入　　　D. 开始

14. PowerPoint 2010 中编辑某张幻灯片，欲插入图像的方法是（　　　）。

　　A. "插入""图像"组中的"图片"或"剪贴画"按钮

　　B. "插入""文本框"按钮

　　C. "插入""表格"按钮

　　D. "插入""图表"按钮

15. 在 PowerPoint 2010 中，一位同学要在当前幻灯片中输入"你好"字样，采用操作的第一步是（　　　）。

　　A. 选择"开始"选项卡下的"文本框"命令按钮

　　B. 选择"插入"选项卡下的"图片"命令按钮

　　C. 选择"插入"选项卡下的"文本框"命令按钮

　　D. 以上说法都不对

16. 在 PowerPoint 2010 中，下列说法正确的是（　　　）。

A. 不可以在幻灯片中插入剪贴画和自定义图像

B. 可以在幻灯片中插入声音和视频

C. 不可以在幻灯片中插入艺术字

D. 不可以在幻灯片中插入超链接

17. 在 PowerPoint 2010 的页面设置中，能够设置（　　　）。

A. 幻灯片页面的对齐方式　　　B. 幻灯片的页脚

C. 幻灯片的页眉　　　　　　　D. 幻灯片编号的起始值

18. PowerPoint 2010 的浏览视图下，选定某幻灯片并拖动，可以完成的操作是（　　　）。

A. 移动幻灯片　　　　　　　　B. 复制幻灯片

C. 删除幻灯片　　　　　　　　D. 选定幻灯片

19. 要在幻灯片中插入表格、图片、艺术字、视频、音频等元素时，应在（　　）选项卡中操作。

A. 文件　　　　　　　　　　　B. 开始

C. 插入　　　　　　　　　　　D. 设计

20. 下面（　　　）视图最适合移动、复制幻灯片。

A. 普通　　　　　　　　　　　B. 幻灯片浏览

C. 备注页　　　　　　　　　　D. 大纲

二、实训操作

1. 以个人介绍为主题，新建一个演示文稿并对演示文稿进行保存。文档内容包括：姓名、年龄、形象照片、爱好、专业、家乡特色等信息。

2. 在任意幻灯片中插入视频和声音。

第三节
设置幻灯片

在 PowerPoint 2010 演示文稿制作过程中，图文的排版直接影响演示效果。用户可以利用常用的图文排版技巧结合幻灯片"设计"修饰演示文稿，还可以通过设计母版在所有幻灯片中插入相同对象，使制作的演示文稿风格一致、美观大方，增强演示效果。

一、排版

（一）排版中常见问题及解决方法

1. 排版中常见问题

（1）满：一张幻灯片上放置太多内容。

（2）杂乱：字体多、颜色杂、序列不当。

（3）文字色彩与背景使用不当：文字与背景颜色相近，难以辨别。如图 5-33 所示。

满

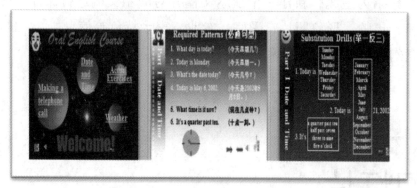

杂乱

图 5-33　排版中常见问题

2. 简化文字的方法

（1）分解到多张幻灯片：一张幻灯片不超过 5 行。

（2）概括关键字：每行不超过 5 个字。

（3）使用动画：控制文字内容。

（4）图示：一图胜千言。

（5）使用备注。

（二）常用排版方法

1. 标准型

最常见的简单而规则的版面编排类型，一般从上到下的排列顺序为：图片 /图表、标题、说明文、标志图形，自上而下符合人们认识的心理顺序和思维活动的逻辑顺序，能够产生良好的阅读效果，如图 5-34。

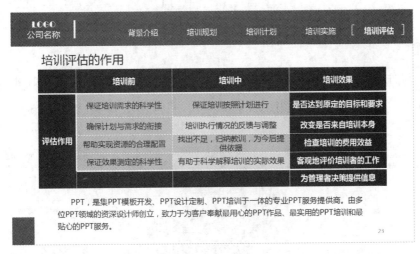

图 5-34　标准型

2. 左置型

这也是一种非常常见的版面编排类型，它往往将纵长型图片放在版面的左侧，使之与横向排列的文字形成有力对比。这种版面编排类型十分符合人们的视线流动顺序，如图 5-35。

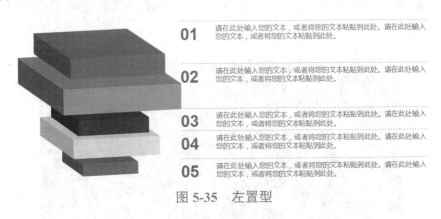

图 5-35　左置型

3. 斜置型

构图时全部构成要素向右边或左边作适当的倾斜，使视线上下流动，画面产生动感，如图 5-36。

图 5-36　斜置型

4. 圆图型

在安排版面时，以正圆或半圆构成版面的中心，在此基础上按照标准型顺序安排标题、说明文和标志图形，在视觉上非常引人注目，如图 5-37。

图 5-37　圆图型

5. 中轴型

一种对称的构成形态。标题、图片、说明文与标题图形放在轴心线或图形的两边，具有良好的平衡感。根据视觉流程的规律，在设计时要把诉求重点放在左上方或右下方，如图 5-38。

图 5-38　中轴型

6. 棋盘型

在安排版面时，将版面全部或部分分割成若干等量的方块形态，互相明显区别，作棋盘式设计，如图 5-39。

图 5-39　棋盘型

7. 文字型

在这种编排中，文字是版面的主体，图片仅仅是点缀。一定要加强文字本身的感染力，同时字体便于阅读，并使图形起到锦上添花、画龙点睛的作用，如图 5-40。

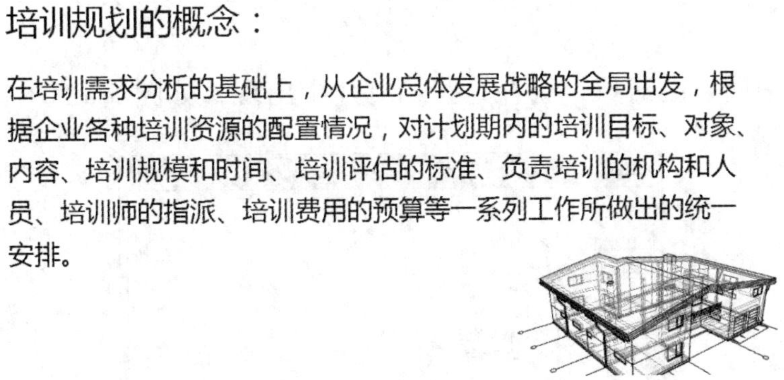

培训规划的概念：

在培训需求分析的基础上，从企业总体发展战略的全局出发，根据企业各种培训资源的配置情况，对计划期内的培训目标、对象、内容、培训规模和时间、培训评估的标准、负责培训的机构和人员、培训师的指派、培训费用的预算等一系列工作所做出的统一安排。

图 5-40　文字型

二、使用母版

通常要求一个演示文稿中所有的幻灯片具有统一的外观格式，可以通过母版、设计模板和配色方案等途径来控制幻灯片外观。

母版分为幻灯片母版、讲义母版和备注母版。

（1）幻灯片母版控制在幻灯片中键入的标题和文本的格式与类型。

（2）讲义母版用于添加或修改幻灯片在讲义视图中每页讲义上出现的页眉或页脚信息。

（3）备注母版可以用来控制备注页的版式以及备注文字的格式。

幻灯片母版提供了标题区、项目列表区、日期区、页脚区和数字区等五个占位符，可进行修饰文本格式、改变背景效果、绘制图形、添加公司或学校的徽标图案等操作，实现幻灯片外观方案的设计，如图 5-41 所示。

图 5-41 "母版样式"编辑页面

在母版中插入的对象，会在每张幻灯片中出现，如图 5-42。

图 5-42 "母版样式"背景填充页面

关闭幻灯片母版切换至"普通视图"状态。右击"幻灯片"窗格中选定的幻灯片，在快捷菜单中的"版式"选项下的母版列表选择母版，如图 5-43。

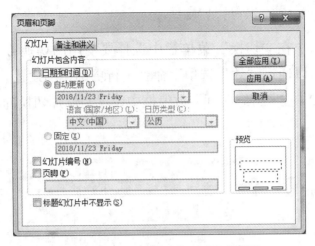

图 5-43　"母版样式"选择对话框

三、使用设计主题

设计主题是控制演示文稿具有统一外观的最有力、最快捷的一种方法。PowerPoint 2010 所提供的模板都是由专业人员精心设计的，其中文本位置安排比较适当，配色方案比较醒目，可以适应大多数用户的需要。用户也可以根据自己的需要创建新主题。

如图 5-44 所示，选择"设计"菜单栏下的主题功能区，此时，当鼠标放到某个主题上时，用户可以预览该主题，单击即可选择并应用所需主题。

图 5-44　"设计主题"选择栏

设置动画效果

四、设置动画效果

（一）设置幻灯片效果

（1）在"切换"菜单栏中选择要使用的切换方式，每一种切换方式可以通过"效果选项"命令进行更细化的设置。

（2）在"持续时间"数值框中设置幻灯片切换的时间，如图 5-45所示。

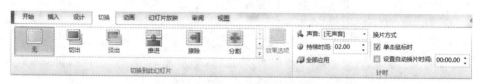

图 5-45　幻灯片时间设置栏

（3）在"计时"工作区中的声音下拉列表框列出了许多换片时的背景声音，用户可以自由选择使用。

（4）在"动画"组中，系统默认是单击鼠标时换片，也可以自动定时换片，此时需要设定每张幻灯片在屏幕上停留的时间，如图5-46所示。

（5）如图 5-47 所示，"动画窗格"按钮可以将设置后的动画按动

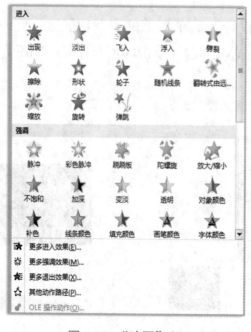

图 5-46　"动画"组

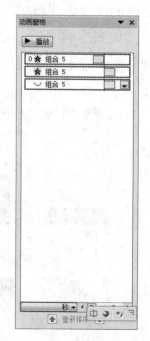

图 5-47"动画窗格"选择栏

画的先后顺序显示，用户双击动画列表可以设置选中动画的参数，如开始事件、速度和大小等信息。此外还可以设置动画播放的先后顺序。

（6）通过"计时"工作区的命令可以对动画开始的方式、持续时间、延迟和顺序进行设置。单击动画窗格中"动作路径"小箭头，出现下拉菜单，选择"计时"，出现向下弧线的对话框，对话框中包括更加详细的播放设置的选项，如图 5-48。

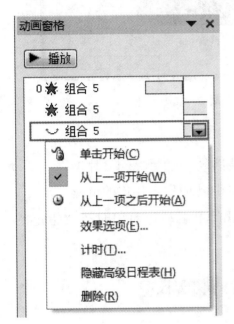

图 5-48　动画"计时"组

（二）设置超链接

在幻灯片中添加超链接，当放映幻灯片时，用户可以通过单击这些超链接来打开相应的对象或者跳转到任意一个页面，而不用从头到尾，一张一张的顺序播放。

设置超链接的方法有以下三种。

方法一：插入超链接（如图 5-49）

（1）现有文件或网页：选择文件或在"地址"栏中输入网址，链接到该文件或网页。在本文档的位置中选择要连接到的幻灯片。

（2）新建文档：连接到一个目前尚不存在的文件，随后创建该文件。

（3）电子邮件地址：发送邮件给指定的邮箱地址，需要正确配置 Outlook 或其他邮件收发软件。

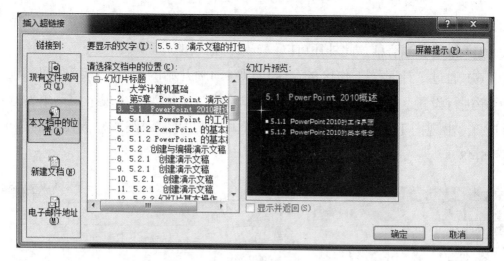

图 5-49 "超链接"插入选项

方法二：动作设置（如图 5-50）

（1）选择"超链接"，在下拉列表中选择要跳转到的目标幻灯片。

（2）选择"运行程序"，可以创建和计算机中其他程序相连的链接。

（3）选择"播放声音"单选按钮，可以设置单击动作对象时播放指定的声音。

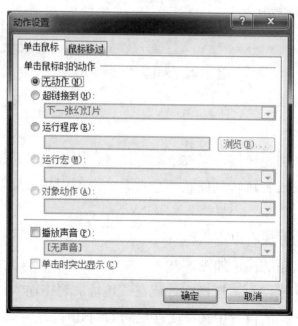

图 5-50 "超链接"动作设置

方法三：动作按钮

（1）选中要添加动作按钮的幻灯片。

（2）选择"开始"菜单栏"绘图"工作区，点击"形状"按钮，在下拉列表中选择动作按钮。

（3）选择需要的按钮形状，在选定的幻灯片上绘制图形。释放鼠标时会自动弹出"动作设置"对话框。

（4）设置完毕，单击"确定"即可。

? 练习题

一、选择题

1. 在 PowerPoint 2010 中要选定多个图形或图片时，需（　　　），然后用鼠标单击要选定的图形对象。

A. 先按住 Alt 键   B. 先按住 Home 键

C. 先按住 Shift 键   D. 先按住 Del 键

2. 在 PowerPoint 2010 中，选定了文字、图片等对象后，可以插入超链接，超链接中所链接的目标可以是（　　　）。

A. 计算机硬盘中的可执行文件

B. 其他幻灯片文件（即其他演示文稿）

C. 同一演示文稿的某一张幻灯片

D. 以上都可以

3. 在 PowerPoint 2010 中，不可以插入（　　　）文件。

A. Avi   B. Wav

C. Exe   D. Bmp(或 Png)

4. 在幻灯片中插入声音元素，幻灯片播放时（　　　）。

A. 用鼠标单击声音图标，才能开始播放

B. 只能在有声音图标的幻灯片中播放，不能跨幻灯片连续播放

C. 只能连续播放声音，中途不能停止

D. 可以按需要灵活设置声音元素的播放

5. 幻灯片母版设置可以起到的作用是（　　　）。

A. 设置幻灯片的放映方式

B. 定义幻灯片的打印页面设置

C. 设置幻灯片的片间切换

D. 统一设置整套幻灯片的标志图片或多媒体元素

6. 在 PowerPoint 2010 中，进入幻灯片母版的方法是（　　　）。

A. 选择"开始"选择卡中的"母版视图"组中的"幻灯片母版"命令按钮

B. 选择"视图"选择卡中的"母版视图"组中的"幻灯片母版"命令按钮

C. 按住 Shift 键同时，再单击"普通视图"按钮

D. 以上说法都不对

7. 在 PowerPoint 2010 编辑中，想要在每张幻灯片相同的位置插入某个学校的校标，最好的设置方法是在幻灯片的（　　　）中进行。

A. 普通视图　　　B. 浏览视图　　　C. 母版视图　　　D. 备注视图

8. 在 PowerPoint 2010 中，下列有关幻灯片背景设置的说法，正确的是（　　　）。

A. 不可以为幻灯片设置不同的颜色、图案或者纹理的背景

B. 不可以使用图片作为幻灯片背景

C. 不可以为单张幻灯片进行背景设置

D. 可以同时对当前演示文稿中的所有幻灯片设置背景

9. 在 PowerPoint 2010 中，设置背景时，若使所选择的背景仅适用于当前所选的幻灯片，应该按（　　　）。

A."全部应用"按钮　　　　　B."关闭"按钮

C."取消"按钮　　　　　　D."重置背景"按钮

10. 在 PowerPoint 2010 中，若想设置幻灯片中"图片"对象的动画效果，在选中"图片"对象后，应选择（　　　）。

A."动画"选项卡下的"添加动画"按钮

B."幻灯片放映"选项卡

C."设计"选项卡下的"效果"按钮

D."切换"选项卡下"换片方式"

11. 在对 PowerPoint 2010 的幻灯片进行自定义动画操作时，可以改变（　　　）。

A. 幻灯片间切换的速度

B. 幻灯片的背景

C. 幻灯片中某一对象的动画效果

D. 幻灯片设计模板

12. 在 PowerPoint 2010 中，要设置幻灯片间切换效果（例如从一张幻灯片"溶解"到下一张幻灯片），应使用（　　　）选项卡进行设置。

A. "动作设置"　　B. "设计"　　　C. "切换"　　D. "动画"

13. 在 PowerPoint 2010 中，若要把幻灯片的设计模板，设置为"行云流水"，应进行的一组操作是（　　　）。

A. "幻灯片放映"选项卡 "自定义动画" "行云流水"

B. "动画"选项卡 "幻灯片设计" "行云流水"

C. "插入"选项卡 "图片" "行云流水"

D. "设计"选项卡 "主题" "行云流水"

14. 在 PowerPoint 2010 中，下列关于幻灯片主题的说法中，错误的是（　　　）。

A. 选定的主题可以应用于所有的幻灯片

B. 选定的主题只能应用于所有的幻灯片

C. 选定的主题可以应用于选定的幻灯片

D. 选定的主题可以应用于当前幻灯片

15. 在 PowerPoint 2010 中，当要改变一个幻灯片的设计模板时（　　　）。

A. 只有当前幻灯片采用新主题

B. 所有幻灯片均采用新主题

C. 所有的剪贴画均丢失

D. 除已加入的空白幻灯片外，所有的幻灯片均采用新主题

16. PowerPoint 2010 提供的幻灯片模板（主题），主要是解决幻灯片的（　　　）。

A. 文字格式　　B. 文字颜色　　C. 背景图案　　　D. 以上全是

17. 在演示文稿中插入超级链接时，所链接的目标不能是（　　　）。

A. 另一个演示文稿

B. 同一演示文稿的某一张幻灯片

C. 其他应用程序的文档

D. 幻灯片中的某一个对象

18. 在 PowerPoint 2010 中，停止幻灯片播放的快捷键是（　　　）。

A. Enter　　　B. Shift　　C. Ctrl　　　　D. Esc

19. 要设置幻灯片的切换效果以及切换方式时，应在（　　　）选项卡中操作。

A. 开始　　　B. 设计　　C. 切换　　　　D. 动画

20. 在 PowerPoint 2010 中，（　　　）设置能够应用幻灯片模版改变幻灯片的背景、标题字体格式。

A. 幻灯片版式   B. 幻灯片设计

C. 幻灯片切换   D. 幻灯片放映

21. 设置 PowerPoint 2010 对象的超链接功能是指把对象链接到其他（   ）上。

A. 图片   B. 文字

C. 幻灯片、文件和程序   D. 以上皆可

二、实操练习

为自己的个人介绍演示文稿添加明确的板式设计，并为其添加动画和超链接。

第四节
演示文稿的放映

演示文稿播放都是以幻灯片为单位的，可以根据需要设置幻灯片的切换方式和放映方式，PowerPoint 2010 提供了许多幻灯片的切换和放映方式。在其他未安装 PowePoint 2010 或者 PowerPoint 版本较低的计算机上放映演示文稿，需要将演示文稿打包输出，播放时操作打包文件即可。

一、编辑放映过程

（一）设置幻灯片放映时间

1. 手动设置

具体操作步骤如下。

步骤一：首先选中该幻灯片。

步骤二：选择"切换"菜单栏下计时工作区的"计时"选择框，选中"设置自动换片时间"复选框，然后在其后的文本框中调整或输入幻灯片在屏幕上显示的秒数，如图 5-51。

步骤三：若单击该选项区的"全部应用"按钮，则可以为演示文稿中的每张幻灯片设定相同的切换时间，这样就实现了幻灯片的连续自动放映。

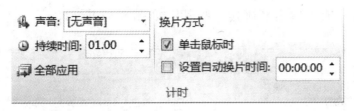

图 5-51　"设置自动换片时间"复选框

2. 自动播放

（1）排练计时：利用"排练计时"功能，如图 5-52 所示，演讲者可以准确地记录下每张幻灯片在讲演过程中所需的显示时间，从而令其讲述速度与幻灯片的显示切换保持同步。在"幻灯片放映"选项卡的"设置"组有一个"使用排练计时"复选框，选中该复选框即可使用排练计时功能。使用该功能，用户可通过操作演习记录每张幻灯片的切换时间，在正式放映时，就可在无人操作的情况下按照记录的时间间隔进行自动放映。

（2）录制幻灯片演示：对幻灯片进行控制后，当演示者按步骤操作完毕后，再次放映时就会按照刚才的步骤播放，包括旁白。

图 5-52　排练计时

（二）自定义放映

通过"自定义放映"功能，可以抽取当前演示文稿中的部分幻灯片，重新排列起来在形式上成为一个新的演示文稿，然后在演示过程中只播放这些指定的幻灯片，使演示文稿可针对不同的观众创建多个不同的放映方案，从而达到"一稿多用"的目的。

（1）幻灯片放映名称可以自定义。

（2）添加幻灯片：从左侧列表框中选择幻灯片添加到右侧列表框中。

（3）移除幻灯片：从右侧列表框中选择要移除的幻灯片，单击"删除"即可。

（4）改变幻灯片放映次序：在右侧列表中选择幻灯片，单击列表右侧的上下按钮调整即可。

（5）设置完成，单击"确定"按钮，如图 5-53 所示。

图 5-53　自定义放映设置对话框

（三）设置放映方式

在"幻灯片放映"菜单栏下的设置工作区中，单击"设置幻灯片放映"按钮，打开"设置放映方式"对话框。通过该对话框，可以设置放映演示文稿的方式。包含放映类型、放映选项、放映幻灯片、换片方式四个方面，如图 5-54。

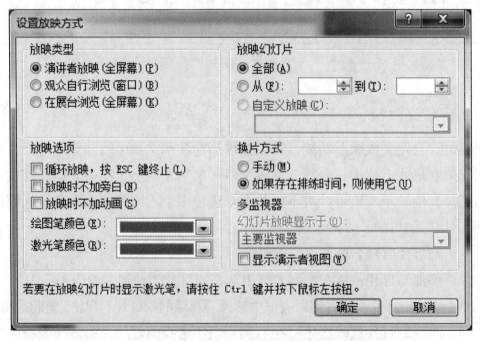

图 5-54　幻灯片放映方式设置对话框

1. 在 PowerPoint 2010 中启动幻灯片放映有四种方法

方法一：单击工作窗口右下角的"幻灯片放映"视图按钮，将从当前幻灯片开始播放演示文稿。

方法二：按下 F5 快捷键，将从首张幻灯片开始播放演示文稿。

方法三：选择"幻灯片放映"菜单栏"开始放映幻灯片"工作区，点击"从头开始"或"从当前幻灯片开始"按钮。

方法四：选择"视图"菜单栏"演示文稿视图"工作区，单击"阅读视图"按钮。

2. 选择演示文稿放映文件（*.ppsx）放映幻灯片

使用演示文稿放映文件（*.ppsx）可以在打开该文件的同时开始自动播放幻灯片，无法进入编辑状态，还可以防止其他用户修改演示文稿。

具体操作步骤如下。

步骤一：使用 PowerPoint 2010 打开要操作的演示文稿，然后单击"文件"菜单栏下的"另存为"命令。

步骤二：在弹出的"另存为"对话框中设定保存类型为"PowerPoint 放映"，最后单击"保存"按钮，即可将演示文稿保存为放映文件（*.ppsx）的格式。

二、演示文稿的打包

在一台计算机上创建的演示文稿，有时需要拿到另一台计算机上播放，此时可以使用"打包向导"压缩演示文稿。该向导可以将演示文稿所需的文件和字体打包在一起，存放到磁盘或网络地址上。如果要在没有安装 PowerPoint 的计算机上观看放映，还可以将 PowerPoint 播放器同演示文稿打包在一起。

（一）打包演示文稿

（1）单击"文件"菜单栏下"保存并发送"按钮，在弹出窗口中选择"将演示文稿打包成 CD"并点击"打包成 CD"按钮，打开"打包成 CD"对话框。在此，可以命名压缩包。

（2）单击"添加文件"，可以添加其他演示文稿文件。

（3）单击"选项"，在打开的对话框中可以选择压缩包所包含的其他内容，如图 5-55 所示。

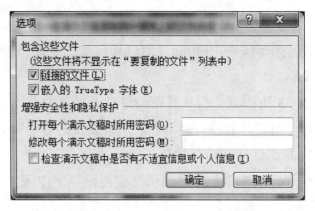

图 5-55　"演示文稿"打包对话框

（4）单击"复制到文件夹"按钮，在打开的"复制到文件夹"对话框中，制定压缩包的存放位置和文件夹名，单击"确定"，开始打包，如图 5-56、图 5-57 所示。

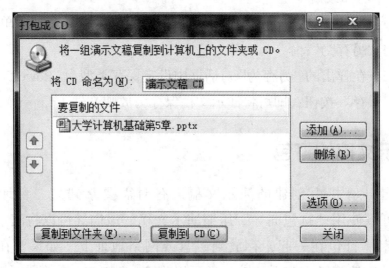

图 5-56　"演示文稿"打包对话框（一）

（5）打包完毕，返回"打包成 CD"对话框，单击"关闭"按钮退出。

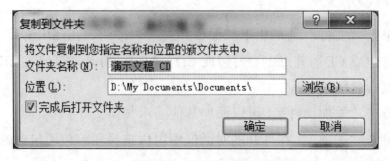

图 5-57　"演示文稿"打包对话框（二）

（二）解包和运行演示文稿

打包后的演示文稿文件类型并没有改变，只是在文件夹中包含了 PowerPoint 播放器及所需的库文件。

 练习题

一、选择题

1. 放映当前幻灯片的快捷键是（　　　）。

A. F6　　　　　　B. Shift+F6　　　　　C. F5　　　　　D. Shift+F5

2. 在 PowerPoint 2010 中，停止幻灯片播放的快捷键是（　　　）。

A. End　　　　　B. Ctrl+E　　　　　C. Esc　　　　　D. Ctrl+C

3. 制作成功的幻灯片，如果为了以后打开时自动播放，应该在制作完成后另存的格式为（　　　）。

A. PPTX　　　　B. PPSX　　　　　C. DOCX　　　D. XLSX

4. 在 PowerPoint 2010 中，若一个演示文稿中有三张幻灯片，播放时要跳过第二张放映，可以的操作是（　　　）。

A. 取消第二张幻灯片的切换效果　　　B. 隐藏第二张幻灯片

C. 取消第一张幻灯片的动画效果　　　D. 只能删除第二张幻灯片

5. 使 PowetPoint 2010 从当前选定的幻灯片开始播放应按（　　　）快捷键。

A. Shfit+F5　　　B. F5　　　　　　C. Ctrl+ALT　　D. Shift+F6

6. 播放演示文稿时，以下说法正确的是（　　　）。

A. 只能按顺序播放　　　　　　　　B. 只能按幻灯片编号的顺序播放

C. 可以按任意顺序播放　　　　　　D. 不能倒回去播放

7. 在 PowerPoint 2010 中，若只需放映全部幻灯片中其中的四张（如第 1、3、5、7 张），可以进行的操作是（　　　），然后设置幻灯片放映方式（默认下是"全部"放映幻灯片的）。

A. 在"幻灯片放映"选项卡下，选择"设置幻灯片放映"按钮

B. 在"幻灯片放映"选项卡下，选择"自定义幻灯片放映"按钮

C. 在"设计"选项卡下，选择"自定义幻灯片放映"按钮

D. 以上说法都不正确

8. 在 PowerPoint 2010 中，要设置幻灯片循环放映，应使用的是（　　　），

然后选择"设置幻灯片放映"命令按钮。

A."开始"选项卡　　　　B."视图"选项卡

C."幻灯片放映"选项卡　　D."审阅"选项卡

9. 在 PowerPoint 2010 中，幻灯片放映时使光标变成"激光笔"效果的操作是（　　　）。

A. 按 Ctrl+F5

B. 按 Shift+F5

C. 执行"幻灯片放映"选项卡"自定义幻灯片放映"按钮

D. 按住 Ctrl 键同时，按住鼠标的左键

10. 在 Power Point 2010 中，若要使幻灯片按规定的时间，实现连续自动播放，应进行（　　　）。

A. 设置放映方式　　　　　B. 打包操作

C. 排练计时　　　　　　　D. 幻灯片切换

11. 在 PowerPoint 中，以下的说法中正确的是（　　　）。

A. 可以将演示文稿中选定的信息链接到其他演示文稿幻灯片中的任何对象

B. 可以对幻灯片中的对象设置播放动画的时间顺序

C. PowerPoint 演示文稿的缺省扩展名为 .potx

D. 在一个演示文稿中能同时使用不同的设计模板（或主题）

12. 在 PowerPoint 2010 中，若要使幻灯片在播放时能每隔 3 秒自动转到下一页，应在"切换"选项卡下（　　　）组中进行设置。

A."预览"　　　　　　　　B."切换到此幻灯片"

C."计时"　　　　　　　　D. 以上说法都不对

13. 在 PowerPoint 2010 中，下列有关幻灯片放映叙述错误的是（　　　）。

A. 可自动放映，也可人工放映

B. 放映时可只放映部分幻灯片

C. 可以将动画出现设置为"在上一动画之后"

D. 无循环放映选项

14. 如果将演示文稿放在另外一台没有安装 PowerPoint 软件的电脑上播放，需要进行（　　　）。

A. 复制 / 粘贴操作　　　　B. 重新安装软件和文件

C. 打包操作　　　　　　　D. 新建幻灯片文件

15. 在 PowerPoint 2010 中，通过（　　　）设置后，点击观看放映后能够自

动放映。

A. 排练计时　　　　　　　　B. 动画设置

C. 自定义动画　　　　　　　D. 幻灯片设计

二、实作题目

将前面完成的演示文稿进行打包播放。

自我评价表

评价模块 知识点	知识与技能			作业实操			体验与探索		
	熟练掌握	一般认识	简单了解	独立完成	合作完成	不能完成	收获很大	比较困难	不感兴趣
演示文稿的创建	☐	☐	☐	☐	☐	☐	☐	☐	☐
编辑幻灯片	☐	☐	☐	☐	☐	☐	☐	☐	☐
设置幻灯片	☐	☐	☐	☐	☐	☐	☐	☐	☐
设置动画效果	☐	☐	☐	☐	☐	☐	☐	☐	☐
疑难问题									
学习收获									

第六章

网络基础知识

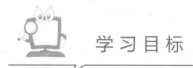

学习目标

- 了解计算机网络的概念
- 了解网络协议的定义
- 熟练使用 Internet 进行相关操作

第一节

计算机网络基础

　　计算机网络已经深入到人类工作、学习和生活的各个方面。人们可以通过电话线以多种方式或通过网卡以 LAN 方式连接到 Internet，享受 Internet 所提供的如 www 浏览、收发电子邮件、网上聊天、网络游戏等多种服务，不仅拓展了人们获取信息、与他人交流的渠道，也丰富了人们的生活、工作、学习和娱乐方式。在其他的许多地方也都可以感受到各种网络应用的存在，如超市、银行、医院、企业和政府部门等。总之，网络与网络应用无处不在。

一、计算机网络的形成与发展

　　计算机网络经历了从简单到复杂、从单一主机到多机协同工作的发展过程。其发展主要经历了以下四个阶段：

　　（1）面向终端的计算机网络（1952～1969年）。早期的计算机数量少，体积庞大，价格昂贵，主要用于军事和科学运算，用户使用计算机必须到指定的计算机中心，为了方便用户使用，1954年出现了具有数据收发功能的终端设备。通过终端，用户可以将程序数据发送给远端的计算机系统，完成数据运算后将结果传向用户。后来随着远程终端数量的增多，出现了多路终端控制器，使一台计算机可以同时与多个终端相连接，这就是计算机网络的雏形。它是将多台远程终端设备通过通信线路连接到一台中央计算机上，以实现远程数据的集中处理。

　　（2）面向通信子网的计算机网络（1970～1974年）。1957年10月，苏联发射了第一颗人造地球卫星。冷战时期的美国朝野为之震惊，为此成立了美国国防部高级计划研究署（ARPA），并着手开展新的军事指挥控制网络的研制。1964年8月，波兰裔美国人保罗·巴兰提出了分组交换的思想。

　　1965年，美国国防部高级研究计划局启动阿帕网计划，并于1969年12月成功投入运行。尽管早期的阿帕网上只连接了四台主机，但它却是真正意义上的计算机网络。

以阿帕网为代表的网络系统称作第二代计算机网络，网络系统以计算机连接而成的通信子网为中心，而不再是以一台计算机为中心的多终端系统。

（3）体系结构标准化的计算机网络（1975～1993年）。随着计算机网络的不断发展，计算机网络的功能越来越复杂和完善。为了有效地设计和开发功能完备的网络系统，人们开始采用网络功能层次化的思想，将网络系统划分为若干层次的功能模块，从而提高网络系统的研究和开发效率。

1974年，IBM公司宣布了其著名的系统网络结构SNA，首次将计算机网络系统划分了七层结构，此后各大公司和组织也纷纷推出了各自的体系结构标准。为了使不同体系标准的网络设备和软件能够互连和互操作，国际标准化组织于1983年推出了著名的开放式系统互连参考模型OSI模型。人们把具有网络协议分层结构的计算机网络称作是体系结构标准化的计算机网络。

（4）互联高速移动泛在的计算机网络（1994年至今）。美国宣布实施国家基础设施建设计划，即"信息高速公路"计划，旨在将全美的信息基础设置进行高速互联。1994年4月20日，中国正式接入互联网。中科院高能物理所设立了我国第一个万维网服务器。

2000年以来，移动计算、普适计算、无线传感器网络、物联网、云计算的出现，使得随时随地、无处不在的计算成为可能。计算机网络从传统的计算机设备扩展到了智能家电、智能手机、平板电脑、智能芯片、RFID电子标签、传感器、无线接入等领域，形成了互联高速移动泛在的网络。

二、网络的概念

（一）什么是网络

所谓计算机网络，就是通过线路互连起来的、自治的计算机集合，确切地讲，就是将分布在不同地理位置上的具有独立工作能力的计算机、终端及其附属设备用通信设备和通信线路连接起来，并配置网络软件，以实现计算机资源共享的系统。网络资源共享，就是通过连在网络上的工作站（个人计算机）让用户可以使用网络系统的所有硬件和软件（通常根据需要被适当授予使用权），这种功能称为网络系统中的资源共享。

首先，计算机网络是计算机的一个群体，是由多台计算机组成的；其次，它们之间是互连的，即它们之间能彼此交换信息。其基本思想是：通过网络环境实现计算机相互之间的通信和资源共享（包括硬件资源、软件资源和数据信息资源）。所谓自治，是指每台计算机的工作是独立的，任何一台计算机都不能干预其他计算机的工作（例如：计算机启动、关闭或控制其运行等），任何两台计算机之间没有主从关系。概括起来说，一个计算机网络必须具备以下 3 个基本要素：

（1）至少有两个具有独立操作系统的计算机，且它们之间有相互共享某种资源的需求。

（2）两个独立的计算机之间必须有某种通信手段将其连接。

（3）网络中的各个独立的计算机之间要能相互通信，必须制定相互可确认的规范标准或协议。

以上三条是组成一个网络的必要条件，三者缺一不可。在计算机网络中，能够提供信息和服务能力的计算机是网络的资源，而索取信息和请求服务的计算机则是网络的用户。由于网络资源与网络用户之间的连接方式、服务类型及连接范围的不同，从而形成了不同的网络结构及网络系统。

随着计算机通信网络的广泛应用和网络技术的发展，计算机用户对网络提出了更高的要求，既希望共享网内的计算机系统资源，又希望调用网内几个计算机系统共同完成某项任务。这就要求用户对计算机网络的资源像使用自己的主机系统资源一样方便。为了实现这个目的，除要有可靠的、有效的计算机和通信系统外，还要求制定一套全网一致遵守的通信规则以及用来控制协调资源共享的网络操作系统。

（二）计算机网络的功能与分类

1. 资源共享与数据通信

（1）共享硬件资源。计算机网络提供了可以对各种信息资源进行输入输出、分析处理和存储等设备的共享，例如各种类型的打印机、绘图仪以及大容量外部存储器等，从而不仅仅使用户节省了资金的投入，也方便了共享设备的集中管理。

（2）共享软件资源。计算机网络用户能够访问网络上的各类软件资源，以避免为研制各类同种软件而进行的重复劳动，这样不必使各类数据资源进行重复存储，同时也方便各类数据资源的管理。

（3）交换用户之间的信息。计算机网络为分布在各地的用户提供了强大的通信手段。用户能够通过计算机网络进行网上信息查询、浏览新闻消息、收发电子邮件和电子商务活动等。

2. 进行数据信息的集中和综合处理

将分散在各地计算机中的数据资料适时集中或分级管理，并经综合处理后形成各种报表，提供给管理者或决策者分析和参考，如自动订票系统、政府部门的计划统计系统、银行财政及各种金融系统、数据的收集和处理系统、地震资料收集与处理系统、地质资料采集与处理系统等。

3. 提高了系统的可靠性和可用性

当网络中的某一处理机发生故障时，可由别的路径传输信息或转到别的系统中代为处理，以保证用户的正常操作，不因局部故障而导致系统的瘫痪。又如某数据库中的数据因处理机发生故障而消失或遭到破坏时，可从另一台计算机的备份数据库中调来进行处理，并恢复遭破坏的数据库，从而提高系统的可靠性和可用性。

4. 进行分布式处理

对于综合性的大型问题可采用合适的算法，将任务分散到网中不同的计算机上进行分布式处理。特别是对当前流行的局域网更有意义，利用网络技术将微机连成高性能的分布式计算机系统，使它具有解决复杂问题的能力。以上只是列举了一些计算机网络的常用功能，随着计算机技术的不断发展，计算机网络的功能和提供的服务将会不断增加。

5. 计算机网络的分类

（1）按照计算机网络的范围分类

① 局域网（LocalAreaNetwork，LAN）。指较小范围内（几公里）将计算机、外设和通信设备互连在一起的网络系统，如大楼、实验室或中小企业内部网络。特点是规模小、组网简单、传输速率高、性能较可靠，是计算机网络发展中最基本、最普遍的形式。

② 城域网（Metropolitan Area Network，MAN）。由多个局域网互联形成一个较大区域（如一个城市）的网络，其规模介于局域网和广域网之间。传输速度较快、可靠性较好。

③ 广域网（WideAreaNetwork，WAN）。大范围（大于100km）的计算机网络，一般可跨越城市、地区、全国甚至全世界。特点是传输距离远、传输速率低、误码率一般较高，为了保证网络的可靠性，通常采用比较复杂的控制机制。

（2）按照计算机网络的服务分类

① 公用网（Public Network）。面向公众提供服务的计算机网络，如中国教育科研网，中国公众信息网等。

② 专用网（Private Network）。某一部门或系统的专用网络，如军用网络系统，警用网络系统等。

（3）按交换技术分类。按网络的交换技术分类，把计算机网络分为线路交换网和分组交换网。

① 线路交换（Circuit Switching）技术与电话交换技术类似，用户在开始通信之前，需要申请建立一条从发送端到接收端的物理通道，并在双方通信期间一直占用该信道。

② 分组交换（PacketSwithing）技术在用户开始通信之前，发送端会先将数据划分成为一个个等长的单位（即分组），这些分组采用由各中间节点采用存储转发方式进行传输，传达到目的端。如果分组长度有限，需要在中间节点机的内存中进行存储处理，其转发速度能够得到大大提高。

（4）按拓扑结构分类。按拓扑结构分类，计算机网络可分为星形结构、环形结构、总线结构、网状拓扑等。

① 星形结构：如图 6-1 所示，星形结构是最早采用的拓扑结构形式，在该结构中每个站点都通过连接电缆与中央处理设备相联，相关站点之间的信息流都必须经过中央处理设备。由于链路都从中央交换结点向外辐射，所以要求中央处理设备具有很高的稳定性，星形拓扑结构优点是网络结构简单，控制处理比较方便，增加工作站点时成本较低。缺点是由于每个站点都要和中央节点直接连接，因此需要耗费大量的线缆，这样安装、维护的工作量也增大。由于中央节点一旦发生故障，则全网都无法工作，因而对中央节点的可靠性要求很高。

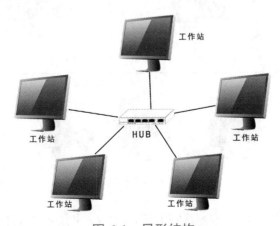

图 6-1　星形结构

② 环形结构：环形结构中各工作站依次相互连接组成一个闭合的环形，如图 6-2，信息可以沿着环形线路单向（或双向）传输，由目的站点接收。环形网适合那些数据不需要在中心主控机上集中处理而主要在各站点之间进行处理的情况。

环形拓扑结构的优点：由于光纤适合于信号单方向传递和点对点式连接，因此，光纤十分适合于在环形拓扑结构中使用。网络中节点的减少或增加，不会引起整个网络停止工作，只需进行简单的连接操作。

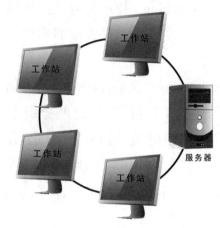

图 6-2　环形结构

③ 总线结构：总线结构就是计算机网络中各个工作站通过适当的接口和一条总线相连接，总线上的各工作站信息可以沿着两个不同的方向发送或接收数据。由于总线结构是最通用的拓扑，组网安装也最为简单，所以它是目前局域网中普遍采用的一种网络拓扑结构情形，如图 6-3。

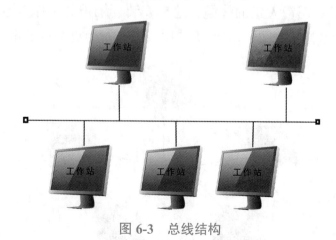

图 6-3　总线结构

总线拓扑结构的优点：总线结构简单灵活，网络可靠性较高。总线结构所需要的电缆数量和硬件设备数量少，易于安装，造价低。网络响应速度快、共享能力强，能一点发送，多点接收。

总线拓扑结构的缺点：故障诊断比较困难。网络中一个链路出了故障，将破坏网络上所有的节点的通信。查找故障时要波及整个网络。总线传输信号随距离的增加而衰减，通信范围受到限制。由于在总线结构网络中需要将节点断开来增加节点，增加节点时网络通信将会停止。因而这种网络的扩充性不好。

④ 网状拓扑，又称无规则型或分布型拓扑结构，节点之间的连接是任意的，没有规律，任意两个节点的信息传输途径一般不是唯一的。当某节点或链路发生故障时，可以在多条路径中另外选择一条到达目的地，所以网络组网灵活、性能可靠，但路由选择较复杂。目前，实际使用的广域网或者大型城域网结构以及互联网主干基本上都采用网状拓扑结构，如图 6-4。

图 6-4 网状拓扑

三、网络协议

（一）网络协议

网络协议是实现网络通信的基础，而一个完整的通信过程需要一系列协议的支持，并由软件和硬件共同完成不同的网络功能，这样就构成了计算机网络体系结构。

计算机网络中的主机通信，采用某种特定的计算机语言来完成，称之为协议。协议就是指通信双方必须遵循的信息格式和信息交换规则的集合。如同人与人之间需要遵循一定的规则才能互相交往一样，计算机之间的相互通信也需要共同遵守一定的规则，这些规则就称为网络协议。不同计算机网络采用的协议也各不相同，常见的网络协议有 TCP/IP、IPX/SPX、AppleTalk、NetBEUI 等。最常用的计算机网络协议是 TCP/IP。

（二）网络七层协议

OSI 参考模型出现在 20 世纪 70 年代末，当时世界上诸多计算机公司都提出了各自的网络体系结构标准，如 IBM 公司的系统网络架构 SNA、DEC 公司的数字网络架构 DNA 等。为了使不同体系标准的网络设备和软件能够互连和互操作，1983 年国际标准化组织 ISO 制定了 OSI 开放式系统互联基本参考模型。

制定 OSI 参考模型的目的在于使世界上的开放式网络系统能够互连互通，实现信息交换。OSI 参考模型将网络的功能划分为 7 个层次：物理层、数据链路层、网络层、传输层、会话层、表示层和应用层。如图 6-5 所示。

图 6-5　网络七层协议

OSI 参考模型的网络功能可分为三组，下两层解决网络信道问题，第三、四层解决传输服务问题，上三层处理应用进程的访问，解决应用进程通信问题。

尽管 OSI 参考模型推出后获得了众多计算机厂商的认可并采纳为国际标准，但 OSI 参考模型只是一个概念框架，其协议的具体实现由网络的设计者根据情况决定。到了 20 世纪 90 年代初，虽然整套的 OSI 国际标准都已经制定完成，但由于 Internet 的迅速发展，TCP/ IP 模型已经抢占了大部分的网络市场，因此 OSI 并没有取得预想的成功。

（三）TCP/IP 模型

TCP/IP 是传输控制协议（TCP）和网际协议（IP）的简称，它并不是一个协议或两个协议，而是由上百个协议组成的协议簇，其中最主要的协议有两个：TCP 和 IP。TCP/IP 是连接 Internet 的最重要的协议。TCP/IP 包括了四层协议体系模型，即应用层、传输层、网络层和网络接口层，如图 6-6 所示。

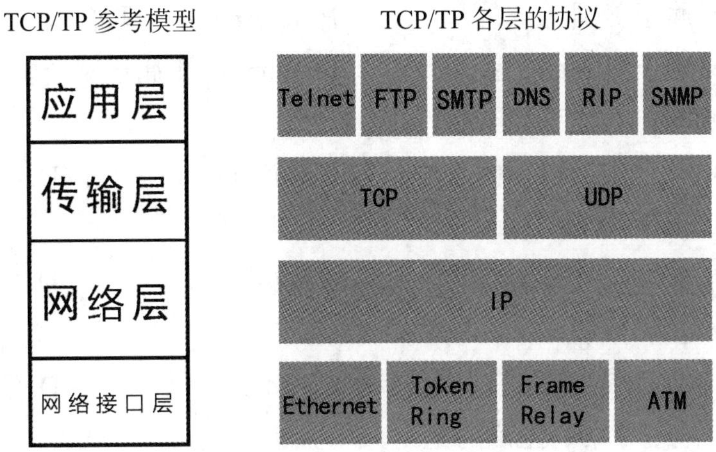

图 6-6　TCP/IP

为了与 OSI 模型相对应，在实际使用中常将 TCP/IP 划分为四层协议，于 OSI 的对应如表 6-1 所示。

表6-1　TCP/IP与OSI模型对应表

OSI 参考模型	TCP/IP 模型
物理层	网络接口层（修改）
数据链路层	
网络层	网络层
传输层	传输层
会话层	应用层
表示层	
应用层	

 练习题

选择题

1. (　　)，美国国防部高级计划研究署网络——阿帕网（ARPANET）的建成，标志着现代计算机网络的正式诞生。

A. 1953 年　　B. 1964 年　　C. 1969 年　　D. 1983 年

2. 计算机网络最突出的特点是（　　　）。

A. 资源共享　　　B. 运算精度高　　　C. 运算速度快　　　D. 内存容量大

3. 关于 Internet，以下说法正确的是（　　　）。

A. Internet 属于美国　　　　　　　　B. Internet 属于联合国

C. Internet 属于国际红十字会　　　　D. Internet 不属于某个国家或组织

4. Internet 的中文规范译名为（　　　）。

A. 因特网　　　B. 教科网　　　　C. 局域网　　　　D. 广域网

5. 学校的校园网络属于（　　　）。

A. 局域网　　　B. 广域网　　　　C. 城域网　　　　D. 电话网

6. Internet 起源于（　　　）。

A. 美国　　　B. 英国　　　　C. 德国　　　　D. 澳大利亚

7. 下列 IP 地址中书写正确的是（　　　）。

A. 168*192*0*1　　　　　　　　B. 325.255.231.0

C. 192.168.1　　　　　　　　　D. 255.255.255.0

8. 计算机网络的主要目标是（　　　）。

A. 分布处理　　　　　　　　　　B. 将多台计算机连接起来

C. 提高计算机可靠性　　　　　　D. 共享软件、硬件和数据资源

第二节

网络互联设备

作为计算机网络的基本组成部分，除了计算机，还需要用网络互联设备将分散的传输质和计算机连接起来。服务器、网络适配器、集线器、交换机和路由器等都是常见的计算机网络连接设备。

一、服务器

服务器是指具有固定的地址，并为网络用户提供服务的节点，它是实现资源共享的重要组成部分，服务器在网络中主要进行网络资源管理和网络通信，

它运行网络操作系统，按网络上客户机发出的请求向用户提供服务，如图 6-7。

服务器按提供的服务可以分为三种类型：文件服务器、打印服务器、应用服务器。

1. 文件服务器

文件服务器是向服务器提供文件的一种器件，它加强了存储器的功能，简化了网络数据的管理。它不仅改善了系统的性能、提高了数据的可用性，而且减少了管理的复杂程度，降低了运营费用。

图 6-7　服务器

2. 打印服务器

个人电脑一旦和网络连接在一起，如果给每台微机配置一台打印机显然是一种浪费，打印服务器为用户提供了网络打印机的共享服务。

3. 应用服务器

能实现动态网页技术的服务器叫做应用服务器，应用服务器为用户提供通信服务、数据库服务等特定的网络应用服务。

二、网络适配器

网络接口卡，称为网络适配器，如图 6-8 所示，也称作网卡，是网络中的一种连接设备，用来将计算机与有线或无线介质相连接，实现网络中数据收发的功能。每一块网卡都有一个固定的全球唯一的物理地址，又称介质访问控制（MAC）地址，该地址是用来在网络中区分计算机的一

图 6-8　网络适配器

个标识，也是网络上数据包最终能够到达目的地计算机所依赖的地址。

按照网卡与计算机的总线接口类型，网卡可以分为 ISA 网卡、EISA 网卡、PCI 网卡、PCI-E 网卡、PCMCIA 网卡、USB 网卡等。

按照采用的传输介质来分，网卡又可分为有线网卡和无线网卡。

三、交换机

交换机是一种能够在通信系统中根据目标地址完成信息交换功能的设备。传统交换机属于局域网中数据链路层设备，如图 6-9。

图 6-9　交换机

交换机与集线器外形类似，但工作方式有着本质的区别：集线器采用"共享介质"的工作方式，所有端口"共享"网络带宽；交换机则采用交换技术，各个端口"独占"网络带宽。可以这样理解，对于一个 100Mbit/s 带宽的集线器和交换机，如果都连接了 10 台主机，采用"共享"模式的集线器，每个端口平均速率是 10Mbit/s，采用"独占"模式的交换机，每个端口速率都是 100Mbit/s。

四、路由器

路由器用于连接多个逻辑上分开的网络，如图 6-10，其基本功能是根据数据包的目标 IP 地址，将数据包从一个网络转发到另一个网络。与集线器、交换机类似，路由器也是一种多端口设备，其端口数比集线器、交换机少得多。在运行机理上，路由器工作在网络层，具有判断网络地址和选择 IP 路径的功能，用于连接各种不同的局域网和广域网。

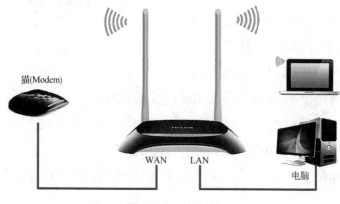

图 6-10　路由器

五、传输介质与介质连接装置

传输介质是计算机网络中信息传输的媒介，是网络通信的物理基础。目前，计算机网络中常用的传输介质有双绞线、同轴电缆、光纤以及无线传输。

（一）双绞线

双绞线是计算机局域网中最常用的传输介质，它由两根具有绝缘保护层的铜导线相互绞合而成，因此得名"双绞线"。把两根绝缘的铜导线按一定密度相互扭绞在一起，可降低相邻电缆产生的电磁干扰，如图6-11。

双绞线可分为非屏蔽双绞线和屏蔽双绞线两种基本类型，屏蔽双绞线在电线和外部塑料外套之间有一个铝箔屏蔽层，而非屏蔽双绞线没有这种金属屏蔽层。因而屏蔽双绞线比非屏蔽双绞线有更好的抗电磁干扰能力，价格相对也要高一些。目前常见的网络布设中大都使用非屏蔽双绞线。

图 6-11　双绞线

（二）同轴电缆

同轴电缆是早期局域网中常用的传输介质，它由中心导体、绝缘材料层、铝制网状织物构成的屏蔽层以及外部隔离材料保护套层组成，其中两种导体共享统一中心轴，因此得名同轴电缆，如图6-12。

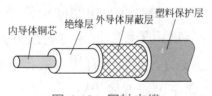

图 6-12　同轴电缆

按照同轴电缆的直径，可分为粗缆和细缆两种类型。粗缆直径较粗（1.27cm），传输距离长（500m），可靠性好，适用于比较大型的局部网络。安装难度大，造价高，早期应用广泛，目前很少使用。细缆直径相对较小（0.26cm），传输距离较短（185m），安装简单，适用于总线型网络，接头多时容易产生接触不良。

（三）光纤

光导纤维简称光纤，是一种由玻璃或塑料制成的纤维。光纤通过光的全反射原理实现信息的传输，由于具有带宽极高、抗电磁干扰能力强、制作材料广泛等突出优点，因而成为目前应用很广、前景很好的一种网络传输介质，如图 6-13。

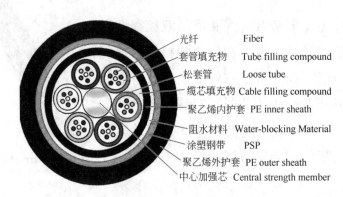

光纤	Fiber
套管填充物	Tube filling compound
松套管	Loose tube
缆芯填充物	Cable filling compound
聚乙烯内护套	PE inner sheath
阻水材料	Water-blocking Material
涂塑钢带	PSP
聚乙烯外护套	PE outer sheath
中心加强芯	Central strength member

图 6-13 光纤

（四）无线传输

无线传输介质包括无线电波、红外线信号、微波以及卫星通信等。通常，电磁波的传播有两种方式：一种是在自由空间中传播，即通过无线方式传播；另一种是在有限制的空间区域内传播，即通过有线方式传播。同轴电缆、双绞线、光纤等介质传输电磁波的方式属于有线方式传播而地面微波、卫星通信、红外等传输电磁波的方式属于无线方式传播。

？ 练习题

选择题

1. 下列属于计算机网络通信设备的是（　　　）。

A. 显卡　　　　　B. 网线　　　　　C. 音箱　　　　　D. 声卡

2. 个人计算机通过电话线拨号方式接入因特网时，应使用的设备是
（　　）。

A. 交换机　　　　　　　　B. 调制解调器

C. 电话机　　　　　　　　D. 浏览器软件

3. 用 IE 浏览器浏览网页，在地址栏中输入网址时，通常可以省略的是
（　　）。

A. http：//　　　　　　　B. ftp：//

C. mailto：//　　　　　　D. news：//

4. 网卡属于计算机的（　　）。

A. 显示设备　　　　　　　B. 存储设备

C. 打印设备　　　　　　　D. 网络设备

5. Internet 中 URL 的含义是（　　）。

A. 统一资源定位器　　　　B. Internet 协议

C. 简单邮件传输协议　　　D. 传输控制协议

6. ADSL 可以在普通电话线上提供 10Mbps 的下行速率，即意味着理论上
ADSL 可以提供下载文件的速度达到每秒（　　）。

A. 1024 字节　　　　　　　B. 10×1024 字节

C. 10×1024 位　　　　　　D. 10×1024×1024 位

7. 要能顺利发送和接收电子邮件，下列设备必需的是（　　）。

A. 打印机　　　　　　　　B. 邮件服务器

C. 扫描仪　　　　　　　　D. Web 服务器

8. 构成计算机网络的要素主要有通信协议、通信设备和（　　）。

A. 通信线路　　　　　　　B. 通信人才

C. 通信主体　　　　　　　D. 通信卫星

9. 区分局域网（LAN）和广域网（WAN）的依据是（　　）。

A. 网络用户　　　　　　　B. 传输协议

C. 联网设备　　　　　　　D. 联网范围

10. 以下能将模拟信号与数字信号互相转换的设备是（　　）。

A. 硬盘　　　　B. 鼠标　　　　C. 打印机　　　　D. 调制解调器

11. 构成计算机网络的要素主要有：通信主体、通信设备和通信协议，其
中通信主体指的是（　　）。

A. 交换机　　　　B. 双绞线　　　　C. 计算机　　　　D. 网卡

第四节
Internet基础

一、Internet基本概念

（一）TCP/IP 协议

TCP/IP 协议，就是传输控制协议（Transmission Control Protocol，即 TCP）和网际协议（Internet Protocol，即 IP）。其中 TCP 协议用于负责网上信息的正确传输，而 IP 协议则是负责将信息从一处传输到另一处。由于网络中的计算机类型可以各不相同，使用的操作系统和应用软件也不尽相同，为了保持彼此之间能够实现信息交换和资源共享，这些计算机必须具有共同的语言。TCP/IP 协议规范了网络中计算机的通信和联接，将在不同类型环境下工作的计算机之间进行通信连接时都能对传输信息内容的理解、信息表示形式以及各种情况下的应答信号有一个共同的约定。目前，因特网（Internet）所采用的网络协议就是 TCP/IP 协议。它是因特网的核心技术。

（二）IP 地址

为了使 Internet 的主机在通信时能够相互识别，Internet 的每一台主机都分配有一个唯一的 IP 地址，也称为网络地址。

1. 物理地址和逻辑地址

每一个物理网络中的网络设备都有其真实的物理地址。物理网络的技术和标准不同，其物理地址编码也不同。以太网物理地址用 48 位二进制数编码。因此可以用 12 个十六进制数表示一个物理地址。一般格式为 00-10-5a-63-aa-99。物理地址也叫 MAC 地址，它是数据链路层地址，即二层地址。互联网对各种物理网络地址的统一是在 IP 层完成的。IP 协议提供了一种互联网通用的地址格式，该地址目前的版本是 IPv4，由 32 位的二进制数表示，用于屏蔽各种物理网络的地址差异。IP 协议规定的地址叫做 IP 地址。IP 地址由 IP 地址管理机构进行统一管理和分配，保证互联网上运行的设备（如路由器、主机等）不会产生地址冲突。

在互联网上，IP 地址指定的不是一台计算机，而是计算机到一个网络的连接。因此，具有多个网络连接的互联网设备就应具有多个 IP 地址，如路由器。

总之，逻辑地址放在 IP 数据报的报头，而物理地址则放在 MAC 帧的报头。物理地址是数据链路层和物理层使用的地址，而逻辑地址是网络层和以上各层使用的地址。如图 6-14 所示，简要示意了 IP 地址和 MAC 地址的关系。

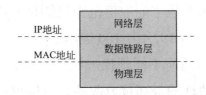

图 6-14　IP 地址和 MAC 地址的关系

2. IP地址的结构、分类与表示

（1）**IP 地址的结构**。一个互联网包括了多个网络，而一个网络又包括了多台主机，因此，互联网是具有层次结构的。互联网使用的 IP 地址也采用了层次结构。IP 地址以 32 位二进制位的形式存储于计算机中。32 位的 IP 地址结构由网络 ID 和主机 ID 两部分组成，如图 6-15 所示。其中，网络 ID（又称为网络标识、网络地址、网络号）用于标识互联网中的一个特定网络，标识该主机所在的网络，而主机 ID（又称为主机地址、主机号）则标识该网络中的一个特定连接，在一个网段内部，主机 ID 必须是唯一的。

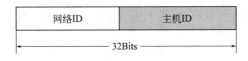

图 6-15　32 位的 IP 地址结构

由于 IP 地址包含了主机本身和主机所在的网络的地址信息。所以在将一个主机从一个网络移到另一个网络时，主机 IP 地址必须进行修改，否则，就不能与互联网上的其他主机正常通信。

（2）**IP 地址的表示**。在计算机内部，IP 地址使用二进制数表示的，共 32 位，如图 6-16。

例如：11000000.10101000.00000001 .01100100；

图 6-16　IP 地址的表示

　　为了表示方便，国际运行一种"点分十进制表示法（dotted decimal notation）"。即将 32 位的 IP 地址按字节分为 4 段，高字节在前，每个字节用十进制数表示，并且各字节之间用圆点"."隔开。这样 IP 地址表示成了一个用点号隔开的 4 组数字，每组数字的取值范围只能是 0~255。上例用二进制表示的 IP 地址可以用点分十进制 192.161.100 表示。

　　（3）IP 地址分类。为适应不同规模的网络，可将 IP 地址分类，称为有类地址。每个 32 位的 IP 地址的最高位或起始几位标识地址的类别。InterNIC 将 IP 地址分为 A、B、C、D 和 E 五类，如图 6-17 所示。其中 A、B、C 类被作为普通的主机地址，D 类用于提供网络组播服务或作为网络测试之用，E 类保留给未来扩充使用。每类地址中定义了它们的网络 ID 和主机 ID 各占用 32 位地址中的多少位，就是说每一类中，规定了可以容纳多少个网络，以及这样的网络中可以容纳多少台主机。

　　① A 类地址。如图 6-17 所示，A 类地址用来支持超大型网络。A 类 IP 地址仅使用第一个 8 位组标识地址的网络部分，其余的 3 个 8 位组用来标识地址的主机部分。用二进制表示时，A 类地址的第 1 位（最左边）总是 0。因此，第 1 个 8 位组的最小值为 00000000（十进制数为 0），最大值为 1111111（十进制数为 127）。但是 0 和 127 两个数保留使用。不能用作网络地址。任何 IP 地址第 1 个 8 位组的取值范围从 1 到 126 之间都是 A 类地址。

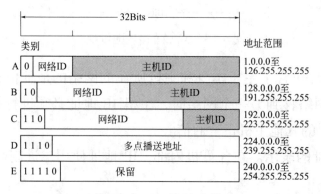

图 6-17　IP 地址分类

②B类地址。如图6-17所示，B类地址用来支持中大型网络。B类IP地址使用4个8位组的前2个8位组标识地址的网络部分。其余的2个8位组用来标识地址的主机部分。用二进制表示时，B类地址的前2位（最左边）总是10。因此，第1个8位组的最小值为10000000（十进制数为128），最大值为10111111（十进制数为191）。任何IP地址第1个8位组的取值范围从128到191之间都是B类地址。

③C类地址。如图6-17所示，C类地址用来支持小型网络。C类IP地址使用4个8位组的前3个8位组标识地址的网络部分。其余的1个8位组用来标识地址的主机部分。用二进制表示时，C类地址的前3位（最左边）总是110。因此，第1个8位组的最小值为11000000（十进制数为192），最大值为11011111（十进制数为223）。任何IP地址第1个8位组的取值范围从192到223之间都是C类地址。

④D类地址。如图6-17所示，D类地址用来支持组播。组播地址是唯一的网络地址，用来转发目的地址为预先定义的一组IP地址的分组。因此，一台工作站可以将单一的数据流传送给多个接收者。用二进制表示时，D类地址的前4位（最左边）总是1110。D类IP地址的第1个8位组的范围；是从11100000到11101111，即从224到239。任何IP地址第1个8位组的取值范围从224到239之间都是D类地址。

⑤E类地址。如图6-17所示，Internet工程任务组保留E类地址作为科学研究使用。因此Internet上没有发布E类地址使用。用二进制表示时，E类地址的前4位（最左边）总是1111。E类IP地址的第1个8位组的范围是从11110000到11111111，即从240到255。任何IP地址第1个8位组的取值范围从240到255之间都是E类地址。

（三）子网划分

为了解决IP地址资源短缺的问题，同时也为了提高IP地址资源的利用率，引入了子网划分技术。

1. 子网编址模式下的地址结构

子网划分（sub networking）是指由网络管理员将一个给定的网络分为若干个更小的部分，这些更小的部分被称为子网（subnet）。当网络中的主机总数未超出所给定的某类网络可容纳的最大主机数，但内部又要划分成若干个分段

（segment）进行管理时，就可以采用子网划分的方法。为了创建子网，网络管理员需要从原有 IP 地址的主机位中借出连续的高若干位作为子网络 ID，如图 6-18 所示。也就是说，经过划分后的子网因为其主机数量减少，已经不需要原来那么多位作为主机 ID 了，从而可以将这些多余的主机位用作子网 ID。

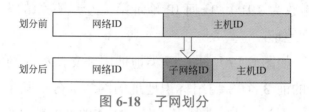

图 6-18　子网划分

2. 子网掩码

　　子网掩码（subnetmask）通常与 IP 地址配对出现，其功能是告知主机或路由设备，IP 地址的哪一部分代表网络号部分，哪一部分代表主机号部分。子网掩码使用与 IP 地址相同的编址格式，即 32 位长度的二进制比特位，也可分为 4 个 8 位组并采用点分十进制来表示。但在子网掩码中，与 IP 地址中的网络位部分对应的位取值为"1"，而与 IP 地址主机部分对应的位取值为"0"。这样通过将子网掩码与相应的 IP 地址进行求"与"操作，就可决定给定的 IP 地址所属的网络号（包括子网络信息）。例如，102.2.3.3/255.0.0.0 表示该地址中的前 8 位为网络标识部分，后 24 位表示主机部分，从而网络号为 102.0.0.0；而 102.2.3.3/255.255.247.0 则表示该地址中的前 21 位为网络标识部分，后 11 位表示主机部分。显然，对于传统的 A、B 和 C 类网络，其对应的子网掩码应分别为 255.0.0.0、255.255.0.0 和 255.255.255.0。图 6-19 给出了 C 类网络进行不同位数的子网划分后其子网掩码的变化情况。

划分位数	2	3	4	5	6
子网掩码	255.255.255.192	255.255.255.224	255.255.255.240	255.255.255.248	255.255.255.252

图 6-19　子网掩码的变化情况图

　　为了表达的方便，在书写上还可以采用诸如"X.X.X.X/Y"的方式来表示 IP 地址与子网掩码，其中每个"X"分别表示与 IP 地址中的一个 8 位组对应的十进制值，而"Y"表示子网掩码中与网络标识对应的位数。如上面提到的 102.2.3.3/255.0.0.0 也可表示为 102.2.3.3/8，而 102.2.3.3/255.255.247.0 则可表示为 102.2.3.3/21。

二、Internet 提供的服务

Internet 提供的服务包括 WWW 服务，电子邮件（E-mail），文件传输（FTP），远程登录（TeInet），新闻论坛（Usenet），新闻组（News Group），电子布告栏（BBS），Gopher 搜索，文件搜寻（Archie）等，全球用户可以通过 Internet 提供的这些服务，获取 Internet 上提供的信息和功能。

这里我们简单地介绍以下最常用的服务。

（一）收发 Email（E-mail 服务）

电子邮件服务是 Internet 所有信息服务中用户最多和接触面最广泛的一类服务。电子邮件不仅可以到达那些直接与 Internet 连接的用户以及通过电话拨号可以进入 Internet 结点的用户，还可以用来同一些商业网（如 CompuServe，America Online）以及世界范围的其他计算机网络（如 BITNET）上的用户通信联系。电子邮件的收发过程和普通信件的工作原理是非常相似的。

电子邮件和普通信件的不同在于它传送的不是具体的实物而是电子信号，因此它不仅可以传送文字、图形，甚至连动画或程序都可以寄送。电子邮件当然也可以传送订单或书信。由于不需要印刷费及邮费，所以大大节省了成本。通过电子邮件，如同杂志般贴有许多照片厚厚的样本都可以简单地传送出去。同时，您在世界上只要可以上网的地方，都可以收到别人寄给您的邮件，而不像平常的邮件，必须回到收信的地址才能拿到信件。Internet 为用户提供了完善的电子邮件传递与管理服务。电子邮件系统的使用非常方便。

（二）FTP 服务

FTP 是文件传输的最主要工具。它可以传输任何格式的数据。FTP 可以访问 Internet 的各种 FTP 服务器。访问 FTP 服务器有两种方式：一种访问是注册用户登录到服务器系统，另一种访问是用"隐名"（anonymous）进入服务器。

Internet 网上有许多公用的免费软件，允许用户无偿转让、复制、使用和修改。这些公用的免费软件种类繁多，从多媒体文件到普通的文本文件，从大型的 Internet 软件包到小型的应用软件和游戏软件，应有尽有。充分利用这些软件资源，能大大节省我们的软件编制时间，提高效率。如要获取 Internet 上的免费软件，可以利用文件传输服务（FTP）这个工具。FTP 是一种实时的联机服务功能，它支持将一台计算机上的文件传到另一台计算机上。工作时用户必须先登录到 FTP 服务器上。使用 FTP 几乎可以传送任何类型的文件，如文本文件、二进制可执行文件、图形文件、图像文件、声音文件、数据压缩文件等。由于现在越来越多的政府机构、公司、大学、科研机构将大量的信息以公开的文件形式存放在 Internet 中，因此，FTP 使用几乎可以获取任何领域的信息。

（三）高级浏览 WWW

WWW(World Wide Web)，是一张附着在 Internet 上的覆盖全球的信息"蜘蛛网"，镶嵌着无数以超文本形式存在的信息。有人叫它全球网，有人叫它万维网，或者就简称为 Web（全国科学技术名词审定委员会建议，WWW 的中译名为"万维网"）。WWW 是当前 Internet 上最受欢迎、最为流行、最新的信息检索服务系统。它把 Internet 上现有资源统统连接起来，使用户能在 Internet 上已经建立了 WWW 服务器的所有站点提供超文本媒体资源文档。这是因为 WWW 能把各种类型的信息无缝的集成起来。WWW 不仅提供了图形界面的快速信息查找，还可以通过同样的图形界面与 Internet 的其他服务器对接。信息分布和管理系统，是人们进行交互的多媒体通信动态格式。它的正式提法是："一种广域超媒体信息检索原始规约，目的是访问巨量的文档"。

三、连接 Internet 方式

Internet 为公众提供了各种接入方式，以满足用户的不同需要，包括电话拨号上网（PSTN）、利用调制解调器接入、ISDN、DDN、ADSL、VDSL、Cable Modem，无线接入，高速局域网接入等。在接入 Internet 之前，用户首先要选择一个 Internet 服务提供商（ISP）和一种适合自己的接入方式。国内大多选择 ISP 为 ChinaNet 或 ChinaGBN。

（一）ADSL 接入方式（非对称数字用户线路）

定义：是一种能够通过普通电话线提供宽带数据业务的技术，也是目前极具发展前景的一种接入技术，有"网络快车"之称。

特点：下行速率高、频带宽、性能优、安装方便、不需交纳电话费等特点而深受广大用户喜爱，成为继 Modem、ISDN 之后的又一种全新的高效接入方式。不需要改造信号传输线路，完全可以利用普通铜质电话线作为传输介质，配上专用的 Modem 即可实现数据高速传输。ADSL 支持上行速率

640kbps ～ 1Mbps，下行速率 1Mbps ～ 8Mbps，其有效的传输距离在 3 ～ 5 千米范围以内。

（二）局域网接入

前提：用户所在单位或者社区已经构架了局域网并与 Internet 相连接，而且在你的位置布置了接口。

优点：避免传统的拨号上网后无法接听电话，还可以节省大量的电话费用，还可以与他人做到数据和资源共享，且拥有高速度。

缺点：局域网接入 Internet 是受到你所在单位或社区规划的制约的。

接入方法：有一台电脑、一块网卡、一根双绞线，然后再去找网络管理员申请一个 IP 地址就可以。

（三）小区宽带

是目前大中城市较普及的一种宽带接入方式，网络服务商采用光纤接入到楼或小区，再通过网线接入用户家。常用的有联通、移动、电信等。

优点：初装费用较低，下载速度很快，通常能达到上百 kB/S，远高于普通的 ADSL。

不足：此种宽带接入主要针对小区，个人用户无法自行申请，较为不便，且各小区采用哪家公司的宽带服务由网络运营商决定，用户无法选择。

（四）无线接入

适用范围：一般适合接入距离较近、布线难度大、布线成本较高的地区，常见接入技术有蓝牙技术、GSM、GPRS、CDMA、3G 等。

表 6-2 中列出了不同接入 Internet 方式下的优势与劣势对比。

表6-2　接入 Internet 方式

接入方式	优势	劣势
ADSL	充分利用电信现有网络资源，对各种业务支持能力较强	价格高于拨号方式，传输质量受传输距离影响较大，很难达到理论值
局域网	避免传统的拨号上网后无法接听电话，节省大量话费	运行环境受所在单位或社区规划的制约
小区宽带	费用低、速度快	目前只适合居民集中居住区域，需要单独架设网络
无线	适用于不方便布线或移动的场合，可以随时获取信息	带宽比以太网接入小，服务质量易受环境影响。

四、Internet 信息查询

当你在因特网上查找某个信息，是不是有过因为不清楚该信息的具体位置而无法找寻的烦恼。其实我们可以利用查询工具将所需查找的信息找出来，并可以为今后工作方便把该信息的具体位置保存起来。

利用搜索引擎查询，Internet 提供了利用搜索引擎来查询信息的程序，可以利用它来查找信息所在的地址。现在比较著名的网站都有搜索引擎查询程序，例如：搜狐（http：//www. sohu.com）、百度（http：//www.baidu.com）、雅虎（http：//www. sougou.com）等。

搜索引擎查询一般提供两种信息查询的方法：按关键词查询、按分类目录查询。

1. 按关键词进行搜索引擎查询

"关键词"就是在搜索框中输入所要查找的内容，关键词可以是一个或多个，如果你在搜索框中填入的词不仅多而且准确，那么所需查找信息所在的具体位置就越准确。

2. 按分类目录查询

通过搜索引擎提供的分类目录进行查询。如图 6-20 中的百度网站主页里，关键字上面的"新闻""地图""视频""贴吧"等就是百度网站上的分类检索目录。

图 6-20　百度网

? 练习题

选择题

1. 地址栏中输入的 http：//zjhk.school.com 中，zjhk.school.com 是一个（　　）。

A. 域名　　　　B. 文件　　　C. 邮箱　　　　D. 国家

2. 通常所说的 ADSL 是指（　　　）。

A. 上网方式　　　B. 电脑品牌　C. 网络服务商　　　D. 网页制作技术

3. 下列四项中表示电子邮件地址的是（　　　）。

A. ks@183.net　　　　　　　B. 192.168.0.1

C. www.gov.cn　　　　　　　D. www.cctv.com

4. 浏览网页过程中，当鼠标移动到已设置了超链接的区域时，鼠标指针形状一般变为（　　　）。

A. 小手形状　　　　　　　　B. 双向箭头

C. 禁止图案　　　　　　　　D. 下拉箭头

5. 下列四项中表示域名的是（　　　）。

A. www.cctv.com　　　　　　B. hk@zj.school.com

C. zjwww@china.com　　　　D. 202.96.68.1234

6. 下列软件中可以查看 WWW 信息的是（　　　）。

A. 游戏软件　　　　　　　　B. 财务软件

C. 杀毒软件　　　　　　　　D. 浏览器软件

7. 电子邮件地址 stu@zjschool.com 中的 zjschool.com 是代表（　　　）。

A. 用户名　　　　　　　　　B. 学校名

C. 学生姓名　　　　　　　　D. 邮件服务器名称

8. E-mail 地址的格式是（　　　）。

A. www.zjschool.cn　　　　　B. 网址·用户名

C. 账号 @ 邮件服务器名称　　D. 用户名·邮件服务器名称

9. 为了使自己的文件让其他同学浏览，又不想让他们修改文件，一般可将包含该文件的文件夹共享属性的访问类型设置为（　　　）。

A. 隐藏　　　　B. 完全　　　C. 只读　　　D. 不共享

10. Internet Explorer（IE）浏览器的"收藏夹"的主要作用是收藏（　　　）。

A. 图片　　　B. 邮件　　　C. 网址　　　D. 文档

11. 网址"www.pku.edu.cn"中的"cn"表示（　　　）。

A. 英国　　　B. 美国　　　C. 日本　　　D. 中国

12. 在因特网上专门用于传输文件的协议是（　　　）。

A. FTP　　　B. HTTP　　　C. NEWS　　　D. Word

13. "www.163.com"是指（　　　）。

A. 域名　　　　　　　　　　B. 程序语句

C. 电子邮件地址　　　　　　D. 超文本传输协议

14. 下列四项中主要用于在 Internet 上交流信息的是（　　　）。

A. BBS　　　　　B. DOS　　　　C. Word　　　　D. Excel

15. 电子邮件地址格式为：username@hostname，其中 hostname 为（　　　）。

A. 用户地址名　　　　　　　　B. 某国家名

C. 某公司名　　　　　　　　　D.ISP 某台主机的域名

16. 下列四项中主要用于在 Internet 上交流信息的是（　　　）。

A. DOS　　　　　B. Word　　　　C. Excel　　　　D. E-mail

17. 地址"ftp：//218.0.0.123"中的"ftp"是指（　　　）。

A. 协议　　　　　B. 网址　　　　C. 新闻组　　　D. 邮件信箱

18. 如果申请了一个免费电子信箱为 zjxm@sina.com，则该电子信箱的账号是（　　　）。

A. zjxm　　　　　B. @sina.com　　　C. @sina　　　D. sina.com

19. http 是一种（　　　）。

A. 域名　　　　　　　　　　　B. 高级语言

C. 服务器名称　　　　　　　　D. 超文本传输协议

20. 上因特网浏览信息时，常用的浏览器是（　　　）。

A. KV3000　　　B.Word 97　　　C.WPS 2000　　　D.Internet Explorer

21. 发送电子邮件时，如果接收方没有开机，那么邮件将（　　　）。

A. 丢失　　　　　　　　　　　B. 退回给发件人

C. 开机时重新发送　　　　　　D. 保存在邮件服务器上

22、如果允许其他用户通过"网上邻居"来读取某一共享文件夹中的信息，但不能对该文件夹中的文件作任何修改，应将该文件夹的共享属性设置为（　　　）。

A. 隐藏　　　　　B. 完全　　　　C. 只读　　　　D. 系统

23. 要给某人发送一封 E-mail，必须知道他的（　　　）。

A. 姓名　　　　　B. 邮政编码　　C. 家庭地址　　D. 电子邮件地址

24. 连接到 Internet 的计算机中，必须安装的协议是（　　　）。

A. 双边协议　　　　　　　　　B. TCP/IP 协议

C. NetBEUI 协议　　　　　　　D. SPSS 协议

25. 下面是某单位的主页的 Web 地址 URL，其中符合 URL 格式的是（　　　）。

A. Http//www.jnu.edu.cn　　　　　B. Http：www.jnu.edu.cn

C. Http：//www.jnu.edu.cn　　　　D. Http：/www.jnu.edu.cn

26. 在地址栏中显示 http：//www.sina.com.cn/，则所采用的协议是（　　　）。

A. HTTP　　　　B. FTP　　　　C. WWW　　　　D. 电子邮件

27. WWW 最初是由（　　　）实验室研制的。

A. CERN　　　　　　　　　　　B. AT&T

C. ARPA　　　　　　　　　　　D. Microsoft Internet Lab

28. 以下软件中不属于浏览器的是（　　　）。

A. Internet Explorer　　　　　　　B. Netscape Navigator

C. Opera　　　　　　　　　　　　D. CuteFtp

29. 下列说法错误的（　　　）。

A. 电子邮件是 Internet 提供的一项最基本的服务

B. 电子邮件具有快速、高效、方便、价廉等特点

C. 通过电子邮件，可向世界上任何一个角落的网上用户发送信息

D. 可发送的多媒体只有文字和图像。

30. 网页文件实际上是一种（　　　）。

A. 声音文件　　　　　　　　　　B. 图形文件

C. 图像文件　　　　　　　　　　D. 文本文件

第四节
计算机网络安全

计算机网络安全

一、计算机病毒

（一）计算机病毒的概念

　　计算机病毒是指编制或者在计算机程序中插入的破坏计算机功能或者毁坏数据、影响计算机使用、并能自我复制的一组计算机指

令或者程序代码。如今从广义上讲，一切危害用户计算机数据、偷盗用户隐私、损害他人利益及影响用户正常操作的程序或代码都可被定义为计算机病毒。

（二）计算机病毒的基本特点

1. 感染模块

这是病毒最关键的部分，为了自身的生存，病毒必须不断感染一个又一个正常的程序或系统，借此来传播自己。这一点和生物病毒有着相似之处，可以理解为病毒执行写操作，把病毒代码"写"到正常程序中。

2. 传播模块

计算机病毒是不甘心仅仅感染一个正常程序或系统的，病毒感染其他正常程序或系统的过程就是传播。不同病毒的传播模块是不同的，文件型病毒每次新感染一个宿主程序，就完成了自身的传播，而蠕虫病毒的传播可能只是一个复制命令。

3. 触发模块

只有满足破坏条件后病毒才能发作，实现破坏，这就是触发模块。病毒在成功感染后，一边很小心地隐藏自己，一边判断是否够条件来发作。条件不成熟时，病毒所做的只是隐藏和进一步感染，而不会表现出任何破坏，只有这样，病毒才可能有更强的生命力，避免短时间内就被用户发现并消灭。

4. 破坏模块

当病毒判断满足条件可以发作时，就表现出破坏，破坏的表现形式很多，这一个模块是给计算机病毒定性的根本依据。同一个病毒还可以在不同的触发条件下进行不同的破坏表现。病毒作者在编写病毒时，已经告诉了病毒在什么条件下进行什么破坏，并允许其他人对这些信息进行修改，这就是很多病毒出现变种的原因。

二、计算机网络的安全

（一）计算机网络通信安全的五个目标

（1）防止析出报文内容。

（2）防止信息量分析。

（3）检测更改报文流。

（4）检测拒绝报文服务。

（5）检测伪造初始化连接。

（二）计算机网络安全的内容

（1）保密性。

（2）安全协议设计。

（3）接入控制。

（三）防火墙

防火墙是从内联网（intranet）的角度来解决网络的安全问题。采用因特网技术的单位内部网络称为内联网。内联网通常采用一定的安全措施与企业或机构外部的因特网用户相隔离，这个安全措施就是防火墙（firewall）。在内联网出现后，又有了另一种网络叫做外联网（extranet）。图 6-21 是防火墙在互连的网络中的位置。一般都将防火墙内的网络称为"可信赖的网络"（trusted network），而将外部的因特网称为"不可信赖的网络"（untrusted network）。

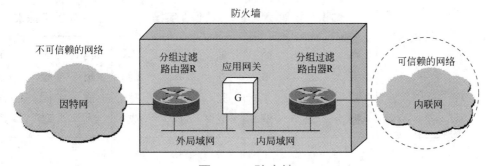

图 6-21　防火墙

防火墙是根据工作范围及其特征来分类的，分为过滤型防火墙、应用代理类型防火墙及复合型防火墙。

（1）过滤型防火墙。过滤型防火墙是在网络层与传输层中，可以基于数据源头的地址以及协议类型等标志特征进行分析，确定是否可以通过。在符合防火墙规定标准之下，满足安全性能以及类型才可以进行信息的传递，而一些不安全的因素则会被防火墙过滤、阻挡。

（2）应用代理类型防火墙。应用代理类型防火墙的工作范围就是在 OIS 的最高层，位于应用层之上。可以完全隔离网络通信流，通过特定的代理程序就可以实现对应用层的监督与控制。

（3）**复合型防火墙**。复合型防火墙是应用较为广泛的防火墙。综合了包括过滤型防火墙技术以及应用代理类型防火墙技术的优点，同时摒弃了两种防火墙的原有缺点，大大提高了防火墙技术在应用实践中的灵活性和安全性。

通过防火墙在内部与外部网络中间过程的防御作用，可以实现内部与外部资源的有效流通，及时处理各种安全隐患问题，进而提升了信息数据资料的安全性。防火墙技术具有一定的抗攻击能力，对于外部攻击具有自我保护的作用，随着计算机技术的进步，防火墙技术也在不断发展。

 练习题

实训操作

1. 为计算机配置 IP。

2. 制作双绞线。

3. 使用 Internet 上网。

自我评价表

评价模块／知识点	知识与技能			作业实操			体验与探索		
	熟练掌握	一般认识	简单了解	独立完成	合作完成	不能完成	收获很大	比较困难	不感兴趣
计算机网络基础	☐	☐	☐	☐	☐	☐	☐	☐	☐
网络互联设备	☐	☐	☐	☐	☐	☐	☐	☐	☐
Internet 基础	☐	☐	☐	☐	☐	☐	☐	☐	☐

续表

计算机网络安全	☐	☐	☐	☐	☐	☐	☐	☐	☐
疑难问题									
学习收获									

附录

Windows10操作系统概述

Windows 10 是由美国微软公司开发的应用于计算机和平板电脑的操作系统，于 2015 年 7 月 29 日发布正式版。

Windows 10 操作系统特点：Windows 10 操作系统在易用性和安全性方面有了极大的提升，除了针对云服务、智能移动设备、自然人机交互等新技术进行融合外，还对固态硬盘、生物识别、高分辨率屏幕等硬件进行了优化完善与支持。

Windows 10
操作系统特点

截至 2020 年 5 月 29 日，Windows 10 正式版已更新至 10.0.19041.264 版本，预览版已更新至 10.0.19635.1 版本。

一、Windows 10系统发展历程

2014 年 10 月 1 日，微软在旧金山召开新品发布会，对外展示了新一代 Windows 操作系统，将它命名为 "Windows 10"，新系统的名称跳过了这个数字 "9"。

2015 年 1 月 21 日，微软在华盛顿发布新一代 Windows 系统，并表示向运行 Windows 7、Windows 8.1 以及 Windows Phone 8.1 的所有设备提供，用户可以在 Windows 10 发布后的第一年享受免费升级服务。2 月 13 日，微软正式开启 Windows 10 手机预览版更新推送计划。3 月 18 日，微软中国官网正式推出了 Windows 10 中文介绍页面。4 月 22 日，微软推出了 Windows Hello 和微软 Passport 用户认证系统，微软又公布了名为 "Device Guard"（设备卫士）的安全功能。4 月 29 日，微软宣布 Windows 10 将采用同一个应用商店，即可展示给 Windows 10 覆盖的所有设备用，同时支持 Android 和 iOS 程序。7 月 29 日，微软发布 Windows 10 正式版。

2018 年 8 月 9 日，微软推送了 Windows 10 RS5 快速预览版 17733。

2018 年 9 月，微软宣布为 Windows 10 系统带来了 ROS 支持，所谓 ROS 就是机器人操作系统。此前这一操作系统只支持 Linux 平台，现在微软正在打造 ROS for Windows。

2018 年 10 月 9 日，微软负责 Windows 10 操作系统交付的高管凯博（John Cable）表示，微软已经获得了用户文件被删除的报告，目前已经解决了秋季更新包中存在的所有问题。公司已经开始向测试用户重新提供 1809 版本的下载。

2020 年 5 月 14 日，据外媒报道，从 2020 年 5 月更新开始，微软将停止向 PC 制造商提供 32 位 Windows 10，最低硬件要求文档中显示了这项更改，微软将逐步淘汰 32 位版本的 Windows10 系统。

二、Windows 10 操作系统特点

Windows 10 操作系统与以往版本相比，增加了许多新功能，这些新功能将带给用户全新的视觉冲击和操作体验。本文在这里归纳了一些 Windows 10 系统的新功能，具体表现体现在以下几方面。

（一）回归的"开始"菜单

熟悉的桌面"开始"菜单终于在 Windows 10 操作系统中正式归位了，不过它旁边增加了一个 Modern 风格的区域，改进的传统风格与新的现代风格有机地结合起来。传统桌面的"开始"菜单既照顾了 Windows 7 操作系统等老用户的使用习惯，同时考虑到 Windows 8/Windows 8.1 操作系统用户的习惯，仍旧提供主打触摸操作的开始屏幕，两代系统用户切换到 Windows 10 操作系统后不会有太多的违和感，超级按钮 Charmbar 仍旧为触摸用户保留，非触摸设备用户能够通过 Windows+C 快捷键切换。

（二）Cortana（小娜）

在 Windows 10 操作系统里，增加了个人智能助理——Cortana（小娜）。Cortana 的功能非常强大，用户只要通过"你好小娜"的指令就可以呼出微软小娜，全新的 Cortana 已完成了本地化的内容整合，用户能够与小娜用普通话聊天，也可以让 Cortana 帮忙打开中国本地应用，例如：QQ、百度、淘宝等。Cortana 将成为一个无所不知的网站导航。

Cortana 可以帮用户在生活工作中的使用更加高效。从平时每天提醒用户起床到直接用 PC 发短信。例如：你只要说："你好小娜，每天早上六点半叫我起床"，Cortana 就帮你搞定闹钟了。

Windows10 操作系统还多了通过 Cortana 发送短信及接收未接来电通知的功能。用户只需要用同一个微软账户登录计算机和手机，同时开启 Cortana，当用户有通讯录联系人未接来电的时候，就可以在计算机上接到通知，还能够通过小娜发短信。当用户有未接来电时，计算机就会弹出提示，用户能选择用小娜发送短信回复对方。

（三）生物识别功能

Windows 10 操作系统新增了一种自动计量生物学登录功能，这是该公司首次提供这样一种跨设备的服务。该功能名为 "Windows Hello"，您可以扫描自己的脸部、虹膜或指纹，并且存储在本地设备上，也就是可以匿名登录 Windows 手机、笔记本电脑和 PC，能够保证用户的数据不会被黑客窃取。要使用 Windows Hello 功能，需要配备 Intel RealSense 3D 摄像头，一般摄像头无法支持，而对于一般用户，PIN 解锁未尝不是一种好的体验。

（四）分屏多窗口功能增强

你能够在屏幕里同时摆放 4 个窗口，Windows 10 操作系统可以在单独的窗口里显示正在运行的其他应用程序，并且还可以智能给出分屏建议。微软在 Windows 10 系统侧边增加了一个 SnapAssist 按钮，通过它能够将多个不同桌面应用展示在这里，同时和其他应用自由组合成多任务模式。

（五）内置 Windows 应用商店

Windows 10 操作系统增加了应用商店，也就是 Windows 应用商店。你只要在 "开始" 菜单里打开 "应用商店"，就能够从 Windows 应用商店中浏览、下载照片、音乐、游戏、娱乐、社交和图书、视频、运动和参考、新闻和健身、天气和健康生活、购物、金融、烹饪、旅游等方面的应用，当中包括了许多免费的应用和付费的应用。是一项很好的功能是能够简化 Windows 用户获得的应用流程。Windows 应用商店帮助程序设计人员将自己的应用程序卖到全世界，只需要有 Windows 10 操作系统的地方，就能够向你展示程序设计人员开发的应用。Windows 10 应用商店很像一款手机或平板计算机上的智能系统。访问 Windows 10 应用商店只要你登录自己的账号，你下载过的 Windows 10 应用都能同步保存在账户中。

（六）Microsoft Edge 浏览器

Microsoft Edge 浏览器是在 Windows 10 操作系统及以后版本中开放使用的新的浏览器，同时 Windows 10 操作系统里的 Internet Explorer 将与 Edge 浏览器共存，前者采用传统排版引擎，以提供旧版本兼容支持；后者使用全新排版引擎，带给用户不一样的浏览体验。这意味着，在 Windows 10 操作系统里，IE 和 Edge 是两个不同的独立的浏览器，目的和功能有着明确的区分。

（七）手机助手

手机助手是 Windows 10 操作系统里能够帮助用户对手机进行快速设置的新的应用。用户能够在计算机上设置好自己所使用的微软服务，如音乐 Cortana 和照片等，将手机连到计算机上，进行信息和数据的同步。如果手机是 Android 或 iOS 系统的设备，也能够从自己的计算机里向手机里同步喜欢的内容，如音乐、OneDrive 和照片等。

（八）行动中心

在 Windows 10 操作系统里，新增加了行动中心（通知中心）功能。用户单击任务栏右下角的"通知"按钮，就能打开通知面板，在通知面板上方会显示信息、更新内容和电子邮件等消息，在通知面板下方则包含了常用的系统功能，如连接平板模式和便签等，但用户尚不能对收到的信息进行回应。

（九）虚拟桌面

Windows 10 操作系统中新增加了一个功能就是虚拟桌面，该功能能够让用户在同个操作系统中拥有多个桌面环境，也就是用户能够根据自己的需要，在不同的桌面环境中进行切换。单击"任务视图"按钮，就能在下方看到桌面1、桌面2，单击桌面名称就能够快速切换，如果要新建桌面，可单击其后的"新建桌面"按钮。

（十）不一样的任务栏

在 Windows 10 操作系统的任务栏里新增了 Cortana 搜索栏和任务视图按钮，而且同时系统托盘内的标准工具也和 Windows 10 操作系统的设计风格匹配。用户能够轻松地查看到能用的网络连接管理移动设备，或对系统显示器亮度和音量进行调节。

（十一）更改 Windows 10操作系统的主题

Windows 10 系统提供了多种 Windows 主题，每个主题都集合了窗口颜色、桌面背景、屏幕保护程序和声音等元素，设置某个主题之后，这些元素将随之改变。用户能够根据自己的需要设置自己喜爱的主题样式，更加符合自己的风格。此外，Window 10 操作系统还有许多其他的新功能，如新增了云存储 OneDrive，用户能够将文件保存在网盘里，方便在不同的计算机或手机中访问；增加了桌面贴靠辅助，能够让窗口占据屏幕左右两侧的区域，还可将窗口拖曳到屏幕的四个角落使其自动拓展并填充 1/4 的屏幕；另外还有智能家庭控制视觉效果更佳等。总之，相比 Windows 7，Windows 8 操作系统，Windows 10 操作系统在性能、可用性和个性化功能等方面都有了很大的提升，随着 Windows 10 操作系统使用的人数不断地增多，它的更多功能将被挖掘出来。

三、Windows 10 系统版本介绍

Windows 10 共有家庭版、专业版、企业版、教育版、移动版、企业移动版和物联网核心版七个版本。

版本	功能
家庭版 Home	Cortana 语音助手（选定市场）、Edge 浏览器、面向触控屏设备的 Continuum 平板电脑模式、Windows Hello（脸部识别、虹膜、指纹登录）、串流 Xbox One 游戏的能力、微软开发的通用 Windows 应用（Photos、Maps、Mail、Calendar、Groove Music 和 Video）、3D Builder
专业版 Professional	以家庭版为基础，增添了管理设备和应用，保护敏感的企业数据，支持远程和移动办公，使用云计算技术。另外，它还带有 Windows Update for Business，微软承诺该功能可以降低管理成本、控制更新部署，让用户更快地获得安全补丁软件
企业版 Enterprise	以专业版为基础，增添了大中型企业用来防范针对设备、身份、应用和敏感企业信息的现代安全威胁的先进功能，供微软的批量许可（Volume Licensing）客户使用，用户能选择部署新技术的节奏，其中包括使用 Windows Update for Business 的选项。作为部署选项，Windows 10 企业版将提供长期服务分支（Long Term Servicing Branch）
教育版 Education	以企业版为基础，面向学校职员、管理人员、教师和学生。它将通过面向教育机构的批量许可计划提供给客户，学校将能够升级 Windows 10 家庭版和 Windows 10 专业版设备
移动版 Mobile	面向尺寸较小、配置触控屏的移动设备，例如智能手机和小尺寸平板电脑，集成有与 Windows 10 家庭版相同的通用 Windows 应用和针对触控操作优化的 Office。部分新设备可以使用 Continuum 功能，因此连接外置大尺寸显示屏时，用户可以把智能手机用作 PC
企业移动版 Mobile Enterprise	以 Windows 10 移动版为基础，面向企业用户。它将提供给批量许可客户使用，增添了企业管理更新，以及及时获得更新和安全补丁软件的方式
物联网核心版 Windows 10 IoT Core	面向小型低价设备，主要针对物联网设备。目前已支持树莓派 2 代 /3 代 Dragonboard 410c（基于骁龙 410 处理器的开发板），MinnowBoard MAX 及 Intel Joule

四、Windows 10 系统评价

Windows 10 系统成为了智能手机、PC、平板、Xbox One、物联网和其他各种办公设备的心脏，使设备之间提供无缝的操作体验。（网易网评）

Windows 10 操作系统在易用性和安全性方面有了极大的提升，除了针对云服务、智能移动设备、自然人机交互等新技术进行融台外，还对固态硬盘、生物识别、高分辨率屏幕等硬件进行了优化完善与支持。从技术角度来讲，Windows 10 操作系统是一款优秀的消费级别操作系统。（李志鹏评）

反面评价

微软 Windows 10 免费策略对于 PC 产业的伤害除了华硕所言影响新 PC 的销售外，最核心的伤害还是在于 PC 的价值。即微软 Windows 10 的价值不能得以完全体现；用户不能完全体验到 Windows10 的功能；PC 厂商预装 Windows10 的成本浪费等。（腾讯网评）

Windows 10 违反数据保护法，微软从用户电脑收集数据，而不会清楚地告知他们发送到其服务器的具体内容以及目的。（凤凰网评）

五、Windows 10 系统常用快捷键

相对于 Windows XP/Vista/7/8/8.1 来说，Windows 10 的快捷键做了很多调整，也取消了很多不再需要的快捷键。

Win / Alt + Esc：打开"开始菜单"

Win + X：打开"超级管理菜单"，等同"Windows 鼠标右击"

Win + I：打开"设置"

Win + Q / S：打开"Cortana"搜索

Win + C：打开"Cortana"语音搜索

Win + H：打开"共享"

Win + K：打开"设备"

Win + U：打开"轻松访问中心"

Win + Pause：显示"系统"属性窗口

Win + 空格键 /Ctrl + Shift：切换输入法

Win + E：打开"文件资源管理器"

Win + R：打开"运行"对话框

Win + D：显示桌面

Win + L：锁定计算机或切换用户

Win + Tab：在已打开应用程序间循环切换

Win + P：选择屏幕显示模式 / 连接投影仪

Win + M：最小化所有窗口

Win + T：循环切换任务栏上的程序

Win + ←：第一次，将活动窗口靠左占据 1/2 屏；第二次，靠右占据 1/2 屏；第三次，还原原位

Win + →：第一次，将活动窗口靠右占据 1/2 屏；第二次，靠左占据 1/2 屏；第三次，还原原位

Win + ↑：结合 1/2 屏显示后，活动窗口向上 1/4 屏幕；第二次，最大化窗口

Win + ↓：结合 1/2 屏显示后，活动窗口向下 1/4 屏幕；第二次，最小化窗口

Win + Home：最小化除活动窗口之外的所有窗口

Alt + Tab：通过选择栏在所有已打开程序间切换

Ctrl + F4：关闭活动文档（在允许同时打开多个文档的程序中）

Alt + F4：关闭活动项目或者退出活动程序

Alt + 空格键：打开活动窗口显示模式快捷菜单

Ctrl + PrtSc：复制"整个屏幕"到剪切板

Win + PrtSc：同上，复制"整个屏幕"到剪切板

Alt + PrtSc：复制"当前活动窗口"到剪切板

Win + 数字键：启动或切换锁定到任务栏中的由该数字所表示位置处的程序

Win + Shift + 数字：启动锁定到任务栏中的由该数字所表示位置处的程序的新实例

Win + Ctrl + 数字：切换锁定到任务栏中的由该数字所表示位置处的程序的最后一个活动窗口

Win + Alt + 数字：打开锁定到任务栏中的由该数字所表示位置处的程序的跳转列表

（Jump List）Win + G：打开游戏录制工具

Win + Enter：打开"讲述人"

Win + Ctrl + F：搜索网络计算机

其他常规键盘快捷方式

F1：显示帮助

F2：重命名选定项目

F3：搜索文件或文件夹

F4：在 Windows 资源管理器中将光标转移到地址栏内

F5 / Ctrl + R：刷新活动窗口内容

F6：在窗口中或桌面上循环切换屏幕元素

F10 / Alt：激活活动程序中的菜单栏快捷键

Ctrl + A：选择窗口中的所有项目

Ctrl + C：复制选择的项目

Ctrl + X：剪切选择的项目

Ctrl + V：粘贴选择的项目

Ctrl + Z：撤销操作

Ctrl + Y：重新执行某项操作

Delete：删除所选项目并将其移动到"回收站"

Shift + Delete：直接删除所选项目，而非发送到"回收站"

Ctrl + 向右键：将光标移动到下一个字词的起始处

Ctrl + 向左键：将光标移动到上一个字词的起始处

Ctrl + 向下键：将光标移动到下一个段落的起始处

Ctrl + 向上键：将光标移动到上一个段落的起始处

Ctrl + Shift：加某个箭头键 选择一块文本

Shif 加任意箭头键：在窗口中或桌面上选择多个项目，或者在文档中选择文本

Ctrl 加任意箭头键 + 空格键：选择窗口中或桌面上的多个单个项目

Alt + Enter：显示所选项的属性

Ctrl + Alt + Tab：使用箭头键在打开的项目之间切换

Ctrl + 鼠标滚轮：更改桌面上的图标大小

Alt + Esc：以项目打开的顺序循环切换项目

Shift + F10：显示选定项目的快捷菜单

Alt + 加下划线的字母：显示相应的菜单

Alt + 加下划线的字母：执行菜单命令（或其他有下划线的命令）

Esc：取消当前任务

Shift：禁止插入 U 盘 /CD 时自动播放

Alt + Shift：在启用多种输入语言时切换输入语言

Ctrl + Shift：在启用多个键盘布局时切换键盘布局

Ctrl + Shift + Esc：打开任务管理器

参 考 文 献

[1] 聂哲．计算机应用基础（任务引领型）［M］．北京：人民邮电出版社，2015.

[2] 江学锋．计算机应用基础［M］．北京：中国水利水电出版社，2014.

[3] 周晓宏．计算机应用基础［M］．北京：清华大学出版社，2013

[4] 袁爱娥．计算机应用基础［M］．北京：中国铁道出版社，2013.

[5] 李秀．计算机文化基础［M］．5版．北京：清华大学出版社，2015.